Fachausdrücke im Bild

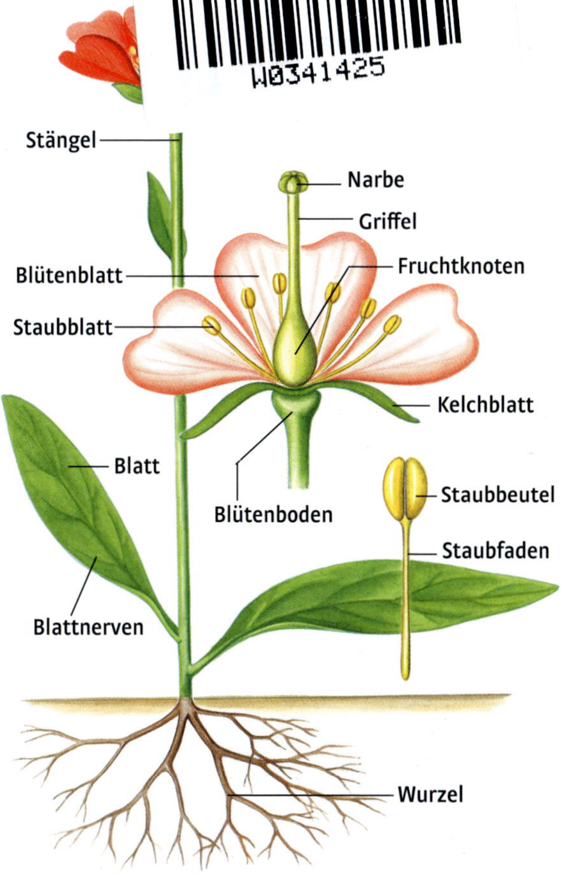

KOSMOS Basics

Welche Giftpflanze ist das?

Wolfgang Hensel

KOSMOS

Einführung

Es gibt wohl kaum noch einen interessierten Menschen, der nicht von der Weisheit des Paracelsus gehört hätte: »Die Dosis macht das Gift.« In dieser verkürzten und etwas verballhornten Form wird man diesem Naturforscher und Arzt allerdings nicht völlig gerecht.
Paracelsus sah in allen Dingen der Schöpfung einen Sinn. Da Gott die Pflanzen nicht als Selbstzweck geschaffen hatte, musste der Mensch nur danach suchen, worin ihr Nutzen bestand. Hier sah er die Verbindung zu den Giftpflanzen: Auch das Gift hatte einen Sinn (»Wer das Gift verachtet, der weiß nicht, was im Gift ist«). Es gehöre zur Aufgabe eines Arztes, für jedes Leiden die »richtige«, unterstützende Pflanzentherapie zu finden, denn Paracelsus glaubte fest an die Selbstheilungskräfte des Organismus – er nannte sie den »inwendigen« Arzt. Aus heutiger Sicht unterschied er sich vor allem deshalb von seinen Ärztekollegen, weil er die Wirksamkeit einer Heilpflanze nicht in ihrer Ganzheit suchte, sondern in bestimmten Inhaltsstoffen, eben auch den Giften. Mit dieser Denkweise näherte er sich bereits der modernen Analytik, ohne jedoch über die entsprechenden Methoden zu verfügen. Es dauerte bis zum Beginn des 19. Jhs., bis seine Ideen wieder aufgegriffen wurden. Schon lange vor Paracelsus und bis in unsere Zeit war und ist der medizinische Nutzen giftiger Pflanzen bekannt. Daher gehören viele der Arten, die in diesem Buch vorgestellt werden, auch zu den Heilpflanzen. Der Schwerpunkt der Betrachtung lag allerdings auf den Arten, die entweder giftig sind oder zumindest doch giftige Substanzen enthalten. Und hier schließt sich der Kreis zu Paracelsus. Manche der »giftigen« Arten ent-

Aus der Herbstzeitlose wird das gefährliche Zellteilungsgift Colchicin gewonnen.

Vogelbeeren sind nur schwach giftig – anders als der Volksglaube überliefert.

halten hochgefährliche Stoffe in so geringer Konzentration, dass sie praktisch unschädlich für den Menschen sind. Bei anderen können Art und Konzentration des Giftes dagegen lebensbedrohlich sein. Die Auswahl umfasst alle gefährlichen und die meisten weniger giftigen heimischen Pflanzenarten sowie einige verbreitete, eingeführte Arten. Im Zuge der Globalisierung, die längst auch Gartencenter und Blumengeschäfte erfasst hat, ist allerdings keine Vollständigkeit möglich. Völlig ausgeschlossen wurden die zahlreichen mehr oder weniger giftigen Pilze – sie gehören nicht ins Reich der Pflanzen.

Warum ist eine Pflanze giftig?

Menschen neigen dazu, die Welt aus ihrem Blickwinkel zu erklären. Eine Pflanze ist jedoch niemals giftig per se, sondern ihre Giftigkeit wird über die Wirksamkeit auf andere Organismen definiert: So kann eine Schnecke oder ein Vogel sich zum Beispiel über eine für uns giftige Pflanze oder ihre Früchte hermachen, ohne Schaden zu nehmen.
Aber warum sind Pflanzen überhaupt giftig? Aus welchem Grund lagern sie Stoffe in ihre Gewebe ein, die uns oder manchen Tieren schaden können? Tatsächlich gibt es noch nicht sehr viele wissenschaftlich belegte Antworten auf diese Fragen. Eine der ersten Hypothesen ging davon aus, dass sich Pflanzen durch Gifte vor Fraßfeinden schützen. Eine derart vorteilhafte Eigenschaft hätte sich jedoch im Laufe der Evolution stärker durchsetzen müssen. Da die meisten Pflanzenarten völlig gefahrlos von Pflanzenfressern verzehrt werden können, gilt diese Hypothese offenbar nur sehr eingeschränkt.
Andererseits ist sicher, dass manche der als giftig eingeschätzten Stoffe das Wachstum von Bakterien und/oder Pilzen hemmen – sie könnten als Schutz vor Krankheit und Fäulnisprozessen dienen.

Grüne Tomaten sind giftig, aber reife Früchte sind völlig harmlos.

Einen wichtigen Hinweis liefert die Verteilung bestimmter Giftstoffe. Es hat sich gezeigt, dass die Mitglieder einer Pflanzenfamilie ganz bestimmte Stoffe bilden und speichern. Offenbar ist die chemische Zusammensetzung der Inhaltsstoffe ein ebenso wichtiges Familienmerkmal wie etwa die Form oder Anordnung der Blüten. Handelte es sich um reine Abfallstoffe, die »sicher« deponiert werden, müssten sie sich im Laufe der Lebenszeit einer Pflanze akkumulieren. Tatsächlich jedoch schwankt die Konzentration der Gifte sowohl von Organ zu Organ als auch in einer zeitlichen Rhythmik. Damit schied eine weitere Hypothese (die Zellsaft-Vakuole der Pflanze als »Mülleimer« für nicht mehr gebrauchte Produkte) als allgemeine Erklärung aus.
Offenbar gibt es also viele Gründe für die Giftigkeit einer Pflanze. Manche schützen sich in der Tat vor Fraßfeinden und Mikroorganismen, andere entsorgen ihren Abfall und wieder andere deponieren wichtige Zwischenprodukte ihres Stoffwechsels vorübergehend an einem sicheren Ort.

Was ist eine giftige Pflanze?

Diese Frage lässt sich wesentlich einfacher beantworten. Dank langjähriger Untersuchungen kennen wir die chemische Struktur vieler Pflanzengifte. Damit wurde es für Mediziner möglich, auf Pflanzenstoffe als Medikamente zurückzugreifen oder Therapien zu entwickeln, um Vergiftungsfälle zu behandeln.
Die Auswahl der Arten für dieses Buch basiert denn auch vor allem auf dem Besitz giftiger Inhaltsstoffe und weniger auf den aktuellen Vergiftungsfällen. Die Statistiken der Vergiftungszentralen zeigen nämlich, dass viele der früher als giftig oder sogar gefährlich geltenden Arten so gut wie nicht mehr in Erscheinung treten – vermutlich hat man sie früher verwechselt oder ihre Giftigkeit überschätzt.

Das hochgiftige Bilsenkraut ist eine alte Hexenpflanze.

Auf die chemische Zusammensetzung der Gifte einzugehen, würde den Rahmen des Buches sprengen. In den Texten zu den Arten sind aber die wichtigsten Stoffe bzw. Stoffklassen aufgeführt. In der weiterführenden Literatur oder in Lexika können Sie darunter nachschlagen.

Zum Aufbau des Buches
Das vorliegende Buch kann nur einen ersten Einblick in die faszinierende Welt giftiger Pflanzen bieten. Viele der vorgestellten Arten sind aufgrund der Beschreibung und den zugeordneten Abbildungen eindeutig zu bestimmen, bei anderen – insbesondere Arten mit doldenförmigen Blütenständen oder Blütenköpfchen – ist eine genaue Bestimmung ohne ein wissenschaftliches Bestimmungsbuch riskant. Daher an dieser Stelle eine ernste Warnung: Mit Giftpflanzen ist nicht zu spaßen! Sie eignen sich nicht für Experimente und gehören vor allem nicht in die Hand von Kindern. Wo dies angebracht erscheint, sind daher auch die für Kinder »attraktiven« Früchte abgebildet. Unter dem Stichwort **Merkmale** sind die wichtigsten Kennzeichen zusammengetragen, die Ihnen bei der Bestimmung helfen sollen. Unter der Rubrik **Vorkommen** finden Sie die Standorte, an denen Sie die jeweilige Giftpflanze überwiegend finden können. Dieser Teil der Beschreibung ist auch im umgekehrten Sinne hilfreich. Wenn die gefundene Pflanze einer abgebildeten Art gleicht, aber im Wasser wächst, obwohl als Standort »trockene Steinböden« angegeben ist, kann etwas nicht stimmen. Unter **Wissenswertes** finden Sie Angaben über die wichtigsten Inhaltsstoffe und ggf. etwas über die Wirkung der Gifte. Zum Teil werden hier auch erste Symptome einer Vergiftung vorgestellt.

Sollte auch nur der Anschein einer Vergiftung bestehen – hier kann das Büchlein wichtige Anhaltspunkte liefern – sollten Sie sich sofort an einen Arzt oder eine Vergiftungszentrale in Ihrer Nähe wenden (Adressen Umschlaginnenseite hinten)!

Bestimmungsteil

1 Drachenwurz, Schlangenkraut

Calla palustris

> Blüten mit unangenehmem Duft, locken Fliegen an

Merkmale Bis 50 cm lange, kriechende Grundachse; Blätter in 2 Zeilen, Stiele bis 30 cm lang, rundlich bis herzförmig, glänzend, ledrig mit bogig verlaufenden Blattadern; Blütezeit Mai bis Juli, Blütenstand auf 10–30 cm hohem Stängel, Einzelblüten winzig, in 2–4 cm langem, walzenförmigem Kolben, ein einzelnes, weißes Hochblatt (Spatha), außen grünlich; Früchte scharlachrote Beeren (**1b**). **Vorkommen** Teichränder, sumpfig feuchte Stellen im Wald, Bruchwälder. **Wissenswertes** Alle Teile giftig; Gift nicht näher bekannt, scharf schmeckend, führt zur Entzündung der Mundschleimhäute und zu Erbrechen.

2 Gewöhnliche Waldrebe

Clematis vitalba

> Blüten duften unangenehm
> in einigen Sorten als Gartenpflanze kultiviert
> gezeichnet

Merkmale Bis 15 m hoch kletternd, lianenartig, verholzt, Triebe bis 6 cm Durchmesser, Rinde löst sich in Streifen ab; Blätter gefiedert, 3 oder 5 Fiedern, Blattstiele winden sich um die Unterlage; Blütezeit Juni bis September, weiß, Blütenblätter beidseitig behaart, in vielblütigen Trugdolden; Früchte mit seidig behaarten Griffeln. **Vorkommen** Feuchte Gebüsche, Auwälder, Wälder und Waldränder, kalkhaltige Böden; ziemlich häufig. **Wissenswertes** Alle Pflanzenteile enthalten das Glykosid Ranunculin, dessen Oxidationsprodukt Protoanemonin hautreizend und mäßig giftig ist.

3 Aufrechte Waldrebe

Clematis recta

> Vorkommen zeugt oft von historischem Anbau in Kräutergärten

Merkmale 50–150 cm hohe Staude, selten verholzend, Stängel hohl, aufrecht, nicht kletternd; Blätter unpaarig gefiedert mit 5–9 Fiedern, ganzrandig eiförmig; Blütezeit Juni bis Juli, weiß, in Rispen, Blütenblätter nur am Rand dicht behaart; Früchte mit behaarten Griffeln. **Vorkommen** Mischwälder, Gebüsche, auf eher trockenen, nährstoffreichen und kalkhaltigen Böden. **Wissenswertes** Wie *C. vitalba*; wird noch heute in der Volksmedizin und Homöopathie verwendet; im Mittelalter rieben sich Bettler mit der Pflanze ein, um durch die Blasen auf der Haut besonders mitleiderregend zu wirken.

1a

1b

2

3

1 Gewöhnliches Pfaffenhütchen

Euonymus europaeus

> reife Samen hängen aus der Frucht heraus
> pulversierte Samen dienten früher als Läusemittel

Merkmale Bis 6 m hoher, sommergrüner Strauch oder kleines Bäumchen; Jungtriebe vierkantig, später oft mit Korkleisten; Blätter bis 8 cm lang, gegenständig, elliptisch, fein gezähnt; Blütezeit Mai bis Juni, bis zu 9 Blüten in einem Blütenstand, grünlich weiß, bis 6 mm lang; Kapselfrüchte rot, vierkantig, aufspringend, Samenmantel orangerot (**1b**), Samen weiß. **Vorkommen** Hecken, Wälder, Gebüsche, auf lehmigen Böden. **Wissenswertes** Alle Teile giftig, höchste Konzentration in den Samen, verschiedene Alkaloide, dazu Bitterstoffe; Drogenzubereitung als Mittel gegen Galle- und Leberleiden.

2 Bittere Schleifenblume

Iberis amara

> Hauptverbreitung im Mittelmeergebiet
> beliebte Pflanze für Steingärten

Merkmale 10–30 cm hohe, einjährige Pflanze; Blätter wechselständig, keilförmig, beidseitig mit 2–3 großen Zähnen; Blütezeit Mai bis August, Blüten in doldenartiger Traube, später streckt sich der Blütenstand, 4 Kronblätter, 6–8 mm lang, weiß, selten hellviolett; Frucht geflügeltes Schötchen, 4–6 mm lang und breit, waagrecht abstehender Stiel. **Vorkommen** Ackerränder, Ödland, Ufer, auf nährstoffreichen, kalkhaltigen Böden; zerstreut bis selten. **Wissenswertes** Giftig durch Glykoside und einen Bitterstoff; als Droge bei Magen- und Gallebeschwerden.

3 Gewöhnliche Stechpalme

Ilex aquifolium

> alte Zauberpflanze
> Verbreitungsgrenze durch milde Winter bestimmt

Merkmale 1–10 m hoher, immergrüner Strauch oder kleiner Baum; Blätter buchtig, fest, ledrig, glänzend, am Rand in spitze Stacheln auslaufend; Blütezeit Mai bis Juni, männliche und weibliche Blüten weiß, auf verschiedenen Pflanzen; Steinfrüchte korallenrot (**3b**), lange haftend. **Vorkommen** Im Schatten von Buchen- oder Eichenwäldern, auf mäßig nährstoffreichen Böden; wild relativ selten, aber häufig in Parks und Gärten. **Wissenswertes** Giftig durch Saponin in allen Teilen, nicht toxische Glykoside; führen zu Schleimhautreizungen, Erbrechen und Durchfall; heute nur noch als mäßig giftig eingeschätzt. **Geschützt.**

1a

1b

2

3a

3b

1 Gewöhnlicher Liguster

Ligustrum vulgare

> gefährlich für Kinder, weil oft als Hecke gepflanzt

Merkmale 1–5 m hoher Strauch, sommergrün, in milden Regionen auch wintergrün; junge Triebe an der Spitze kurz behaart; Blätter schmal eiförmig, bis 6 cm lang, glattrandig, beiderseits kahl; Blütezeit Juni bis August, Blüten weiß, in bis 8 cm hoher, dichter Rispe, stark duftend, Krone 4–6 mm breit; Frucht glänzend schwarze Beere (**1b**), bis 8 mm Durchmesser. **Vorkommen** Lichte Wälder, Gebüsche, trockene Hänge auf lehmigen bis tonigen, kalkreichen Böden. **Wissenswertes** Die giftigen Beeren und Blätter können bei Kindern Übelkeit, Erbrechen und Durchfall hervorrufen; auch Hautreizungen (Dermatitis) durch Kontakt mit Blättern und Rinde.

2 Zweiblättriges Schattenblümchen

Maianthemum bifolium

> die Droge wurde früher zur Entwässerung eingesetzt

Merkmale 5–20 cm hohe Staude mit weit kriechendem Rhizom; nicht blühende Pflanzen mit 1, blühende mit 2 Blättern, bis 8 cm lang, herzförmig mit bogenförmigen Adern; Blütezeit April bis Juni, weiß, in acht- bis fünfzehnblütiger Traube, 4 Blütenblätter, weiß, 2–3 mm lang, zurückgebogen; Früchte 1–3 kirschrote Beeren, 6 mm Durchmesser. **Vorkommen** Im Unterwuchs schattiger Wälder, humusreiche, leicht saure Böden; verbreitet. **Wissenswertes** Giftig durch Saponine, in der Wurzel Glykosid-Verbindungen; gilt heute als mäßig giftig.

3 Schwarzfrüchtiges Christophskraut

Actaea spicata

> Hahnenfußgewächs, dem die familientypischen Giftstoffe fehlen

Merkmale 30–60 cm hohe Staude, unangenehm riechend; Blätter bis 40 cm lang, lang gestielt, bis dreifach gefiedert, Teilblättchen oval, unregelmäßig gezackt; Blütezeit Mai bis Juni, in dichten Trauben, 4–6 Blütenhüllblätter, abfallend, Staubblätter lang herausragend; Frucht schwarze Beere, bis 13 mm Durchmesser. **Vorkommen** Waldschatten, feuchte Gebüsche auf nährstoff- und humusreichen Böden; v. a. in den Alpen und Mittelgebirgen. **Wissenswertes** Beeren schwach giftig durch Trans-Aconitinsäure; volksmedizinisch gegen Asthma und Kropf, in der Homöopathie gegen Rheuma eingesetzt.

1a

1b

2

3

1 Hundspetersilie

Aethusa cynapium

> riecht beim Zerreiben widerlich
> Verwechslungsgefahr mit anderen giftigen Doldenblütlern

Merkmale Bis 2 m hohe, ein- bis zweijährige Pflanze; Blätter zwei- bis dreifach gefiedert, Fiedern eiförmig, tief eingeschnitten, Unterseite glänzend; Blütezeit Juni bis Oktober, in bis zwanzigstrahligen, flachen Dolden, Randblüten größer (4 mm), Kronblätter weiß bis rötlich, herzförmig; Früchte 2,5–5 mm lang und breit. **Vorkommen** Auwälder, Gebüsche, Hecken, auf lockeren, nährstoffreichen Böden; verbreitet. **Wissenswertes** Die ganze Pflanze ist giftig, verschiedene Inhaltsstoffe (Polyine, der Bestandteil Aethusin ist ein Krampfgift), Giftigkeit umstritten, weil große Mengen verzehrt werden müssten.

2 Taumel-Kälberkropf

Chaerophyllum temulum

> Stängel unter den oberen Knoten verdickt
> Klettfrüchte mit spitzem Griffel

Merkmale 30–100 cm hohe, ein- bis zweijährige Pflanze; Stängel purpurn oder purpurn gefleckt, oben verzweigt; Blätter wechselständig, zwei- bis dreifach gefiedert, Fiedern stumpf, eiförmig, eingeschnitten; Blütezeit Mai bis August, in sechs- bis zwölfstrahligen Dolden, zunächst überhängend, Kronblätter weiß, die äußeren bis 1,5 mm lang; Frucht 4–7 mm. **Vorkommen** Gebüsche, Waldränder, auf nährstoff- und humusreichen Lehmböden. **Wissenswertes** Frische Pflanzenteile bei Verzehr giftig durch Polyine; ernste Vergiftungen beim Menschen nicht bekannt; Taumellähmung bei Weidetieren.

3 Giftiger Wasserschierling

Cicuta virosa

> Stängelbasis knollig verdickt, im Querschnitt gekammert
> gelber Saft

Merkmale 50–150 cm hohe Staude; Stängel aufrecht, hohl, gerillt; Blätter groß, zwei- bis dreifach gefiedert, Fiedern 6–10 cm lang, scharf gesägt, auf den Nerven und am Rand rau; Blütezeit Juli bis September, zehn- bis zwanzigstrahlige Dolden, bis 50 Blüten pro Döldchen, Kronblätter weiß, 1 mm lang; Frucht bis 2 mm hoch, breit-eiförmig. **Vorkommen** Gräben, Teichränder, Flussufer auf flach überfluteten Standorten. **Wissenswertes** Ganze Pflanze sehr giftig, Wirkstoffe u. a. Cicutoxin und Furanocumarine; führt zu Brennen, Übelkeit, Bauchschmerzen, Taumeln, Krampfanfällen, tödlich in 30% der Fälle durch Atemlähmung.

1

2

3

1 Gefleckter Schierling

Conium maculatum

> Pflanze riecht unangenehm nach Mäusen
> Schierlingsbecher der Antike

Merkmale 50–250 cm hohe, ein- bis zweijährige Pflanze; Stängel hohl, fein grillt, an der Basis rot gefleckt (**1b**); Blätter wechselständig, schlaff, etwa dreieckig zwei- bis vierfach tief eingeschnitten, untere Blätter bis 50 cm groß mit hohlem Stiel; Blütezeit Juni bis September, Dolden mit 8–15 Strahlen, flach, Seitendolden höher als die mittleren, Kronblätter weiß, 1,5 mm lang; Früchte 2,5–3,5 mm lang. **Vorkommen** Hecken, Zäune, Mauern, auf nährstoffreichen, feuchten und lehmigen Böden. **Wissenswertes** Alle Teile der Pflanze tödlich giftig durch Piperidin-Alkaloide; höchste Giftkonzentration in unreifen Früchten; Brennen im Mund, Erbrechen, Krampfanfälle, Lähmung.

2 Herkulesstaude

Heracleum mantegazzianum

> Neuansiedler, der heimische Pflanzen völlig verdrängen kann

Merkmale 1,5–5 m (!) hohe Staude; Stängel bis 10 cm Durchmesser, purpurn gefleckt; Blätter wechselständig, 1–3 m lang, tief drei- bis fünffach eingeschnitten; Blütezeit Juni bis September, Dolden 20–50 cm Durchmesser mit bis zu 150 Strahlen, Kronblätter weiß, bis 12 mm lang, äußere größer; Früchte bis 14 mm lang, schmal, flach. **Vorkommen** Straßen, Wegränder, Parks, Waldränder; zerstreut. **Wissenswertes** Seit Ende des 19. Jhs. als Zierpflanze eingeführt; Kontaktgift (Furanocumarine), das auf der Haut in Verbindung mit Sonne Brandblasen und Ausschlag hervorruft.

3 Wiesen-Bärenklau

Heracleum sphondylium

> Borstenkranz unter den Blattknoten
> bauchige Blattscheiden

Merkmale 50–150 cm hohe, zwei- bis mehrjährige Pflanze, Stängel 4–20 mm Durchmesser, hohl, gefurcht; Blätter wechselständig, wenig eingeschnitten, 3–5 Abschnitte, unterseits rau behaart, untere Blätter bis 60 cm groß; Blütezeit Juni bis Oktober, Dolden 10–20 cm Durchmesser, 15–45 Strahlen, Kronblätter weiß bis rosa, verkehrt herzförmig; Früchte 7–10 mm lang, breit-oval. **Vorkommen** Wiesen, Wälder, Ufer, Hochstaudenfluren auf nährstoffreichen Böden; verbreitet. **Wissenswertes** Wie Herkulesstaude (siehe oben); Hautirritationen können bei starker Sonne auch noch nach Tagen auftreten.

1a

1b

2

3

1 Großer Wasserfenchel

Oenanthe aquatica

> Früchte in der Volksmedizin verwendet
> von Herbst bis Frühjahr höchste Giftkonzentration

Merkmale 30–150 cm hohe, ein- bis mehrjährige Pflanze, Stängel am Grunde verdickt, hohl, gerillt; Blätter wechselständig, Unterwasserblätter fadenförmig zerschlitzt, übrige Blätter ein- bis zweifach gefiedert bis tief eingeschnitten, Blattscheiden mit Hautrand; Blütezeit Juni bis August, Dolden mit 5–12 Strahlen, Kronblätter weiß, verkehrt herzförmig; Früchte 3–4 mm lang, bis 2 mm breit, seitlich zusammengedrückt. **Vorkommen** Seichte, stehende Gewässer, die im Sommer trockenfallen, im Uferbereich bis 50 cm Wassertiefe. **Wissenswertes** Giftig durch Polyine, führen zu Schwindelgefühl; Gift v. a. in der Wurzel und ihrem Saft.

2 Weiße Zaunrübe

Bryonia alba

> gewundene Ranken mit Umkehrpunkt
> mittlerer Blattlappen vergrößert

Merkmale Rankende Staude mit 2–4 m langen Stängeln, rau behaart; Blätter wechselständig, fünfeckiger Umriss, in 5 etwa dreieckige Lappen eingeschnitten; Blütezeit Juni bis Juli, einhäusig mit männlichen und weiblichen Blüten, 10–12 mm Durchmesser, grünlich weiß bis grünlich; Frucht eine grüne, später schwarze Beere (**2b**), kugelig, 7–8 mm Durchmesser. **Vorkommen** Hecken, Zäune, Gebüsche, auf nährstoffreichen, lockeren Lehmböden; bis auf den Nordosten selten. **Wissenswertes** Alle Pflanzenteile sind giftig durch Cucurbitacine, v. a. die Wurzeln und Früchte; wurde früher als Arzneipflanze angebaut.

3 Zweihäusige Zaunrübe

Bryonia cretica ssp. *dioica*

> Kronblätter mindestens doppelt so lang wie Kelchblätter

Merkmale Rankende Staude, 2–3 m lange Stängel, lange, schraubig aufgedrehte Ranken, rauhaarig; Blätter efeuartig, kurz gestielt, bis 10 cm Durchmesser, tief in 5 Lappen eingeschnitten; Blütezeit Juni bis September, zweihäusig, nur weibliche oder männliche Blüten auf einer Pflanze; Frucht eine grüne, später scharlachrote Beere (**3b**), 6–7 mm Durchmesser. **Vorkommen** Gebüsche, Hecken, Ackerland, auf nährstoffreichem Boden; örtlich selten. **Wissenswertes** Gefährliche, in allen Teilen giftige Pflanze (Cucurbitacine), galt früher als Abführmittel; Hautreizung durch Pflanzensaft.

1

2a

2b

3 a

3b

1 Dornloser Stechapfel

Datura stramonium

> Blüte öffnet sich nachts, duftet
> wird von Nachtfaltern bestäubt

Merkmale 30–120 cm hohe, einjährige Pflanze mit gabelig verzweigtem Stängel; Blätter wechselständig, kurz gestielt, eiförmig, lang gezähnt und eingeschnitten; Blütezeit Juni bis Oktober, Blüten einzeln, aufrecht in den Blattachseln, weiß, bis 10 cm lang; Früchte große Kapseln mit bis zu 15 mm langen Stacheln, 4 Klappen. **Vorkommen** Ödland, Gärten, auf humusreichen, lockeren Böden; zerstreut. **Wissenswertes** Sehr giftig durch Scopolamin, Atropin, Hyoscyamin, 4–5 g Samen oder Blätter sind für Kinder tödlich; stammt aus Amerika, seit 1584 in Europa verbreitet; Bestandteil der rauscherzeugenden Hexensalben, Arzneipflanze.

2 Christrose

Helleborus niger ssp. *niger*

> aus der Wurzel wurde Niespulver hergestellt
> alte Heilpflanze

Merkmale 15–30 cm hohe Staude mit schwarzem Wurzelstock und unverzweigtem Stängel; Blätter grundständig, wintergrün, handförmig gefiedert mit 7–9 Abschnitten, einfachere Blätter am Blütenstängel; Blütezeit Dezember bis April, Blüten weiß bis rötlich, 5–10 cm Durchmesser; Balgfrüchte. **Vorkommen** Misch- oder Kiefernwälder, auf lockeren, humusreichen, kalkhaltigen Böden; zerstreut. **Wissenswertes** Die ganze Pflanze ist giftig durch verschiedene Giftstoffe, darunter Protoanemonin, Steroidsaponine; führen zu Übelkeit, Erbrechen, sind auch herzwirksam; Vergiftung auch durch das Blumenwasser möglich.

3 Sumpf-Porst

Ledum palustre

> volksmedizinisch als Abtreibungsmittel
> Nierenschäden durch das Öl

Merkmale 60–150 cm hoher, immergrüner Strauch; Blätter wechselständig, kurz gestielt, nadelartig, vier- bis zwölfmal länger als breit, Rand umgerollt; Blütezeit Mai bis Juli, reichblütige kugelige Scheindolden, weiße Kronblätter, 10 Staubblätter; Kapselfrüchte. **Vorkommen** Hochmoore, sumpfige Stellen in Wäldern, nasse, nährstoffarme Torfböden; zerstreut, selten. **Wissenswertes** Giftig durch ätherisches Öl mit Sesquiterpenen, Gerbstoffe, Bitterstoff; alte Heilpflanze, auch gegen Motten- und Wanzenbefall; früher als Bitterstoff dem Bier beigemischt, was zu rauschhaften Zuständen führt. **Geschützt.**

1

2

3

1 Blasenkirsche

Physalis alkekengi

> in der Volksheilkunde verwendet
> vor langer Zeit eingewandert (Archaeophyt)

Merkmale 25–60 cm hohe Staude, Stängel kurz behaart; Blätter paarweise stehend, eiförmig, zugespitzt, glattrandig oder wenig gezähnt; Blütezeit Juni bis August, Blüten einzeln, weiß, groß fünfzipflig, Kelch vergrößert sich nach der Blüte auf bis 4 cm, orangerot, blasig aufgetrieben (**1b**), darin die Frucht, eine rote Beere, 15 mm Durchmesser. **Vorkommen** Kahlschläge, Auwälder, Geröll, auch Zierpflanze, nährstoffreiche Böden. **Wissenswertes** Schwach giftig durch verschiedene Stoffe, darunter Alkaloide in der Wurzel und Solanin in unreifen Früchten; reife Beeren sind allerdings essbar.

2 Amerikanische Kermesbeere

Phytolacca americana

> Beeren weniger giftig als Samen, wurden früher zum Dunkeln von Rotwein verwendet

Merkmale 1–3 m hohe Staude; Stängel aufrecht, gefurcht, rot überlaufen; Blätter wechselständig, kurz gestielt, länglich oval, bis 25 cm lang, glattrandig; Blütezeit Juli bis August, Blüten in Trauben, Blütenblätter grünlich weiß, später purpurn (**2b**), 2–3 mm lang; Früchte schwarz, beerenartig, 10 mm Durchmesser, in hängenden Trauben. **Vorkommen** Verwildert in Gartennähe, Ödland, Hecken; selten. **Wissenswertes** Alle Pflanzenteile durch Triterpensaponine giftig, dazu unbekannter, die Zellteilung schädigender Stoff, der die Blutzellen angreift; Verwechslungen der Wurzeln mit Wurzelgemüse möglich.

3 Kirschlorbeer

Prunus laurocerasus

> 1 kg Blätter tödlich für Rinder, 200 g für Kleintiere

Merkmale 3–4 m hoher, immergrüner Strauch, als Bäumchen bis 8 m; Blätter ganzrandig, ledrig, lorbeerartig, bis 25 cm lang, Stiel gelbgrün; Blütezeit April bis Mai, Blüten weiß, bis 8 mm Durchmesser, in aufrechten, vielblütigen Trauben; Frucht 8–12 mm groß (**3b**), kugelig bis eiförmig, schwarz mit Steinkern. **Vorkommen** Fast nur als Zierpflanze an schattigen, humusreichen Standorten; Herkunft Südosteuropa bis zum Kaukasus und Iran. **Wissenswertes** Alle Pflanzenteile giftig durch cyanogene Glykoside, bis 210 mg Blausäure pro 100 g Blätter, riechen nach Bittermandeln; Tod durch Atemlähmung ist aber nur in seltenen Fällen bekannt.

1a

1b

2a

2b

3a

3b

1 Zwerg-Holunder

Sambucus ebulus

› Pflanze stinkt widerlich
› wächst oft auf historischen Waldweiden

Merkmale 50–200 cm hohe Staude; Stängel aufrecht, unverzweigt, mit Mark gefüllt, gefurcht; Blätter gegenständig, gefiedert mit 5–13 Fiedern, Fiederblätter schmal, zugespitzt, gesägt, Nebenblätter fiederartig; Blütezeit Juni bis August, Blüten in Scheindolden, bis 16 cm Durchmesser, weiß bis rötlich, 10 mm breit; schwarze Steinfrüchte (**1b**), kugelig, 5–6 mm Durchmesser. **Vorkommen** Waldwege, Auen, Schutt, Ödland, auf nährstoffreichen Böden, meist auf Kalk. **Wissenswertes** Giftig durch Saponine, Bitter- und Gerbstoffe, gefährlich bei Aufnahme großer Mengen der Beeren; als Abführmittel früher in der Volksmedizin gebräuchlich.

2 Eberesche, Vogelbeere

Sorbus aucuparia ssp. aucuparia

› Früchte sind eine wichtige Nahrung für heimische Vögel

Merkmale Bis 15 m hoher, sommergrüner Baum oder großer Strauch; Blätter wechselständig, unpaarig gefiedert mit 9–19 Teilblättchen (2,5–6 cm lang und bis 2 cm breit, gesägt); 200–300 Blüten (Mai bis Juni) in großen, doldenartigen Rispen; kugelige, scharlachrote Früchte (**2b**). **Vorkommen** Lichte Laubwälder, Kahlschläge, Gebüsche, auch als Straßen- und Ziergehölz angepflanzt. **Wissenswertes** Die Früchte enthalten neben Zucker und Vitamin C auch die schwach giftige Parasorbinsäure. Sie wird durch Kochen zerstört, daher sind Marmeladen oder Mus unbedenklich.

3 Gewöhnlicher Schneeball

Viburnum opulus

› Randblüten sind steril
› in vielen Formen als Zierpflanze

Merkmale 150–300 cm hoher, sommergrüner Strauch, graue, glänzende Rinde, Zweige bräunlich mit Korkwarzen; Blätter wechselständig, 3 cm langer Stiel mit Drüsen, Spreite in 3–5 Lappen eingeschnitten, grob gezähnt, 10 cm lang; Blütezeit Mai bis Juli, doldenartiger Blütenstand, Randblüten deutlich vergrößert; rote, beerenartige Steinfrüchte (**3b**). **Vorkommen** Auwälder, Gebüsche, auf feuchten, nährstoffreichen Böden; verbreitet. **Wissenswertes** Gilt als giftverdächtig, wegen Cumarinen, Diterpenen und Tanninen; beschrieben sind Durchfall und Erbrechen nach Aufnahme großer Mengen der Früchte.

1a

1b

2a

2b

3a

3b

1 Schwarzer Nachtschatten

Solanum nigrum

> formenreich mit verschiedenen Sippen
> Beeren gefährlich für Kinder

Merkmale 10–80 cm hohe, einjährige Pflanze; Stängel fast kahl; Blätter wechselständig, eiförmig bis fast dreieckig, zugespitzt, tief eingebuchtet; Blütezeit Juni bis Oktober, 5–10 weiße Blüten in einem Blütenstand, Kronblätter ausgebreitet, 14 mm Durchmesser; Früchte schwarze, selten grünlich gelbe Beeren (**1b**), 6–10 mm Durchmesser. **Vorkommen** Äcker, Gärten, Ödland, auf nährstoffreichen Böden; verbreitet. **Wissenswertes** Alle Pflanzenteile giftig durch verschiedene Alkaloide, v. a. die unreifen, grünen Beeren; Giftgehalt sehr unterschiedlich, Symptome sind Magen-Darm-Beschwerden.

2 Kartoffel

Solanum tuberosum

> 1555 aus Südamerika eingeführt
> seit dem 18. Jh. als Nahrung genutzt

Merkmale 40–100 cm hohe Staude mit unterirdischen Ausläuferknollen; Blätter wechselständig, unterbrochen gefiedert, Fiedern oval, zugespitzt; Blütezeit Juni bis September, Kronblätter weiß, rosa oder violett; Frucht eine kleine, grüne Beere. **Vorkommen** Nutzpflanze, kann in der Nähe von Gärten und Feldern verwildern, nicht winterhart. **Wissenswertes** Alle grünen Pflanzenteile sind giftig durch Steroidalkaloid-Glykoside, die nicht durch Kochen zerstört werden; Giftgehalt in der Knolle unbedenklich, Kartoffelknolle mit hohem Stärke-, Vitamin-C- und Proteingehalt.

3 Weiße Schwalbenwurz

Vincetoxicum hirundinaria

> Klemmfallenblüte: Insekten, die ihren Rüssel befreien, bestäuben die Blüte

Merkmale 30–120 cm hohe Staude; Blätter gegenständig, kurz gestielt, glänzend, schmal, 10 cm lang, zugespitzt, am Grunde herzförmig, untere Blätter rundlich; Blütezeit Mai bis August, Blüten zu 6–8, 10 mm Durchmesser, riechen unangenehm, Kronblätter gelblich weiß; bis 6 cm lange Balgfrüchte. **Vorkommen** Lichte Wälder und Gebüsche, Trockenrasen, Schutt, auf humusarmen, kalkreichen Böden; im Norden selten. **Wissenswertes** Giftig durch herzwirksame Cardenolide, Steroidglykoside und Vincetoxin; früher in der Volksmedizin als Brechmittel genutzt. Blüte mit Klemmpolstern, in denen der Rüssel von Insekten stecken bleibt.

1a

1b

2

3

1 Becher-Primel

Primula obconica

> Primelallergie ist eine anerkannte Berufskrankheit der Floristen

Merkmale Bis 30 cm hohe Staude; Blätter grundständig, lang gestielt, eiförmig, 6–13 cm lang mit gewellten Rändern, fein behaart; Zimmerpflanze, daher Blüte ganzjährig möglich, Blüte 2–5 cm breit, weiß, purpurn oder rot, bis zu 12 Blüten auf 15–18 cm langem Stiel; keine Früchte. **Vorkommen** Heimat China, in vielen Sorten als Zierpflanze kultiviert. **Wissenswertes** Die Drüsenhaare an Blüten und Kelch enthalten das Benzochinon Primin, es ruft allergische Reaktionen auf der Haut hervor; bei oraler Aufnahme der Blüten kommt es zu starken Schleimhautreizungen.

2 Virginischer Tabak

Nicotiana tabacum

> gefährlich für Kinder, die Tabakkrümel essen

Merkmale 2–3 m hohe, einjährige Pflanze, Sorten niedriger; Blätter wechselständig, weich, 20–50 cm lang, eiförmig bis oval, sitzend, die unteren laufen den Stängel hinab; Blütezeit Juni bis September, bis zu zwanzigblütige Rispen, Krone weiß bis rosa, schmal trichterförmig mit 5–6 Zipfeln, 35–50 mm lang, 20 mm breit; eiförmige Kapselfrüchte. **Vorkommen** In Gärten als Zierpflanze, verwildert, in einigen Regionen kommerziell angebaut. **Wissenswertes** Das Nikotin in den Blättern (bis 9 % des Trockengewichts) ist ein giftiges Alkaloid, der Genuss der Blätter kann tödlich sein; in den Zierpflanzen ist die Konzentration geringer.

3 Busch-Windröschen

Anemone nemorosa

> Frühblüher, der im Wald weite Flächen bedecken kann

Merkmale 10–25 cm hohe Staude mit gelbem bis braunem Rhizom; 3 Blätter am Stängel in einem Quirl, 3–6 cm lang, dreiteilig gefiedert, Fiedern zwei- bis dreifach tief eingeschnitten; Blütezeit März bis Mai, Blüten einzeln, 6–12 Blütenblätter, weiß, bis 4 cm breit, zahlreiche gelbe Staubblätter. **Vorkommen** Laub- und Nadelmischwälder, Gebüsche, Wiesen, auf nährstoffreichen Böden; häufig. **Wissenswertes** Mäßig giftig durch Protoanemonin, wirkt bei frischen Pflanzen auch hautreizend (Blasenbildung durch Umschläge gegen Gelenkrheuma), in der Homöopathie gegen starke Regelblutungen; schmeckt schlecht, daher keine Vergiftungsfälle bekannt.

1

2

3

1 Gemüsespargel
Asparagus officinalis

> in Europa seit über 2000 Jahren als Kulturpflanze genutzt

Merkmale 30–150 cm hohe Staude; Stängel aufrecht, reich verzweigt mit unscheinbaren Schuppenblättern, in deren Achseln 3–15 schmale Nadeln in Büscheln; Blütezeit Mai bis Juli, Blüten unscheinbar, eingeschlechtlich, einhäusig, nickend; Früchte rote Beeren (**1b**) mit 1–6 schwarzen Samen. **Vorkommen** Verwildert aus Anbauflächen, Trockenrasen, Ufer, Gebüsche, auf trockenen, nährstoffreichen sandigen oder lockeren Böden. **Wissenswertes** Früchte durch Steroidsaponine und Glykoside schwach giftig; das Asparagin der Spargelstangen kann Hautreizungen hervorrufen; die Stangen sind die unterirdischen Triebe.

2 Maiglöckchen
Convallaria majalis

> pulverisierte Blüten in Schnupftabaken
> typische Symptome: Erbrechen, Durchfall

Merkmale 12–20 cm hohe Staude mit dünnem Wurzelstock; nur 2–3 Blätter, unterseits glänzend, an der Basis von einer Scheide umhüllt; Blütezeit Mai bis Juni, Blüten auf blattlosem Stängel, in einer Traube, nickend, stark duftend, glockenförmig verwachsen mit 6 Zipfeln; Frucht rote Beere (**2b**). **Vorkommen** Laubwälder, Gebüsche, Gesteinsschutt, auf humusreichen, kalkhaltigen Böden; häufig. **Wissenswertes** Sehr giftig durch über 40 Cardenolid-Glykoside (Digitalis-ähnlich), in der Medizin als herzstärkende Droge und Kreislaufmittel genutzt; wird auch als homöopathisches Mittel verwendet.

3 Kleines Schneeglöckchen
Galanthus nivalis

> blüht schon im Schnee
> Giftwirkungen nur bei Verzehr größerer Zwiebelmengen

Merkmale 8–20 cm hohe, mehrjährige Zwiebelpflanze; nur 2 grundständige Blätter in einer häutigen Scheide, grasartig, 10 cm lang, 1 cm breit; Blütezeit Februar bis April, Blüten einzeln, nickend, 6 weiße Kronblätter in 2 Kreisen, innere mit grünen Spitzen, duftend; Kapselfrüchte. **Vorkommen** Wälder, Gebüsche, auf feuchten, nährstoff- und humusreichen Böden; verbreitet, aber selten. **Wissenswertes** Ganze Pflanze giftig durch Amaryllidaceen-Alkaloide, besonders konzentriert in der Zwiebel, vielfach aus Gärten verwildert; alte Heilpflanze. **Geschützt**.

1a

1b

2a

2b

3

1 Vielblütige Weißwurz
Polygonatum multiflorum

> Narben absterbender Blätter erinnern an einen Siegelabdruck (Salomonsiegel)

Merkmale 30–80 cm hohe Staude mit dickem Rhizom; Stängel rund, bogenförmig überhängend; Blätter wechselständig, aber in 2 Zeilen, breit elliptisch; Blütezeit Mai bis Juni, Blüten zu 2–5, hängend, weiß mit 6 grünen, zurückgeschlagenen Zipfeln, ohne Duft; Beeren dunkelblau (**1b**), 8–10 mm Durchmesser. **Vorkommen** Schattige Laub- und Nadelwälder auf nährstoffreichen, lockeren Böden, kalkhaltig; verbreitet. **Wissenswertes** Ganze Pflanze giftig durch Steroidsaponine, Magen-Darm-Reizungen, aber keine Todesfälle berichtet; alte Heilpflanze.

2 Wohlriechende Weißwurz
Polygonatum odoratum

> angeblich spaltete König Salomo beim Bau seines Tempels die Felsen mit dem Rhizom der Pflanze

Merkmale 15–60 cm hohe Staude mit dickem Rhizom; Stängel kantig, bogenförmig überhängend; Blätter wechselständig, aber in 2 Zeilen, breit elliptisch; Blütezeit Mai bis Juni, Blüten zu 1–2, hängend, weiß mit 6 grünen, nicht zurückgeschlagenen Zipfeln, duftend; Beeren dunkelblau (**2b**), 8–10 mm Durchmesser. **Vorkommen** Lichte Laub- und Kiefernwälder, Waldränder, Gebüsche, auf trockenen, kalkhaltigen Böden. **Wissenswertes** Ganze Pflanze giftig durch Steroidsaponine, Convallamarin in den Beeren (ähnlich Digitalis); wird in der Volksmedizin genutzt; in Sagen Hilfsmittel, um Schätze zu finden, daher auch Salomonssiegel genannt.

3 Dolden-Milchstern
Ornithogalum umbellatum

> Pflanzensaft hautreizend
> Zwiebel am giftigsten zur Blütezeit

Merkmale 10–30 cm hohe, mehrjährige Zwiebelpflanze; Blätter grundständig, grasartig, 2–6 mm breit mit weißem Mittelstreifen; Blütezeit Mai bis Juni, Blüten in doldenartigen Trauben, Blütenblätter weiß, bis 25 mm lang, unten mit grünem Streifen; Kapselfrüchte, an Stielen waagrecht abstehend. **Vorkommen** Gärten, Weinberge, Äcker, Parks, auf nährstoffreichen, kalkarmen Böden; Mittelmeerpflanze, nördlich der Alpen verwildert. **Wissenswertes** Giftig durch Cardenolide, dazu herzwirksame Glykoside; Convallatoxin in der Zwiebel; Vergiftungen nur nach Verzehr der Zwiebel bekannt; in der Homöopathie gegen Geschwüre im Darmbereich eingesetzt.

1a

1b

2a

2b

3

1 Weißer Germer

Veratrum album

> der ähnliche Gelbe Enzian (Heilpflanze) hat gegenständige Blätter

Merkmale 50–150 cm hohe Staude mit senkrecht nach unten wachsendem Rhizom; Blätter wechselständig, sitzend, elliptisch mit deutlichen Längsnerven, bis 15 cm breit, unterseits behaart; Blütezeit Juni bis August, Blüten in 30–60 cm hoher Rispe, 6 ausgebreitete Blütenblätter, innen weiß bis grünlich, außen grün, bis 15 mm lang; behaarte Kapselfrüchte. **Vorkommen** Feuchte Wiesen und Matten, Moorwiesen, Almen, Auwälder, auf feuchten bis nassen, nährstoffreichen Böden; verbreitet. **Wissenswertes** V. a. die Wurzel ist hochgiftig durch verschiedene Steroid-Alkaloide, herzwirksam, blutdrucksenkend, kann tödlich wirken.

2 Gottes-Gnadenkraut

Gratiola officinalis

> Vergiftungen früher durch Missbrauch als Abführmittel

Merkmale 15–40 cm hohe Staude mit aufrechtem Stängel; Blätter gegenständig, sitzend, schmal, zugespitzt mit fein gesägtem Rand; Blütezeit Juni bis August, Blüten einzeln in den Blattachseln, lang gestielt, weiß mit rötlichen Adern, 10–18 mm lang; Kapselfrüchte. **Vorkommen** Sumpfwiesen, Ufer, Tümpel, Gräben, auf nassen, nährstoffarmen Böden, verträgt Salz; zerstreut bis selten. **Wissenswertes** Ganze Pflanze giftig durch Cucurbitacine und -glykoside; Arzneipflanze, wurde in der Volksmedizin als Wurm- und Abführmittel genutzt. **Geschützt**.

3 Rosskastanie

Aesculus hippocastanum

> angeblich sollen 3 Kastanien in der Tasche Krankheiten vorbeugen
> in vielen Venenmitteln enthalten

Merkmale 10–30 m hoher, Laub abwerfender Baum mit breiter Krone; Blätter handförmig gefiedert, die 5–7 Teilblättchen verschmälern sich zum Ansatz hin; Blütezeit April bis Juni, Blüten in aufrecht stehenden, 20–30 cm hohen Rispen, weiße Blütenblätter mit gelbem, später rotem Fleck, welliger Rand; stachelige, 5–6 cm große, kugelige Früchte mit glänzend braunen Samen (»Kastanien«). **Vorkommen** Aus Südosteuropa als Zier- und Straßenbaum eingeführt. **Wissenswertes** Alle Pflanzenteile, besonders unreife Früchte giftig durch ein Gemisch aus Triterpensaponinen; die Giftigkeit wird heute eher gering eingeschätzt.

1

2

3

1 Robinie

Robinia pseudoacacia

> **› Wiederkäuer sind zehnmal weniger empfindlich gegen das Gift als Pferde**

Merkmale Bis 20 m hoher, sommergrüner Baum, Borke grau, im Alter tief mit Längsrissen gefurcht; Blätter wechselständig, gefiedert mit 4–9 Fiederpaaren, 20–30 cm lang, Fiedern elliptisch, bis 6 cm lang; Blütezeit Mai bis Juni, Blütentrauben 10–25 cm lang, fünfzehn- bis dreißigblütig, Schmetterlingsblüte weiß, Fahne mit gelbem Fleck; Früchte 50–10 cm lange, flache Hülse (**1b**). **Vorkommen** Heimat Nordamerika, eingeführt und verwildert, Straßenränder, Ödland, anspruchslos. **Wissenswertes** Alle Pflanzenteile außer den Blüten sind durch Lektine giftig, sie greifen die Schleimhäute des Magen-Darm-Trakts an.

2 Rote Heckenkirsche

Lonicera xylosteum

> **› häufig als Begrünung angepflanzt, daher gefährlich für Kinder**

Merkmale 1–2 m hoher, aufrechter und nicht kletternder Strauch, Äste hohl; sommergrün, Blätter gegenständig, gestielt, oval, ganzrandig, bis 7 cm lang, beiderseits flaumig behaart; Blütezeit Mai bis Juni, je 2 Blüten, 10–15 mm lang, auf einem Stiel in den Blattachseln, Kronblätter gelblich weiß; scharlachrote Doppelbeeren (**2b**), nicht verwachsen. **Vorkommen** Hecken, Wälder, Gebüsche, auch angepflanzt, auf nährstoffreichen, lockeren Böden, kalkhaltig; verbreitet. **Wissenswertes** Beeren schwach giftig durch Saponine und Alkaloide; Verzehr führt zu Bauchschmerzen, Erbrechen, Durchfall.

3 Wald-Geißblatt

Lonicera periclymenum

> **› Vergiftungen sind nur aus älteren Berichten bekannt**

Merkmale 2–3 m hoch windende, sommergrüne, mehrjährige Liane mit hohlen Zweigen, Rinde bräunlich, schwarz punktiert; Blätter gegenständig, getrennt, bis 6 cm lang, elliptisch, unterseits behaart; Blütezeit Mai bis Juli, Blüten in gestielten Köpfchen, 4–5 cm lang, röhrenförmig mit weit geöffneten Zipfeln, weiß bis gelblich, intensiv duftend; Früchte dunkelrote, nicht verwachsene Beeren (**3b**). **Vorkommen** Waldränder, Gebüsche, Kahlschläge, auf nährstoff- und kalkarmen Böden. **Wissenswertes** Früchte schwach giftig durch verschiedene Saponine und Alkaloide; Bauchschmerzen und Erbrechen nur nach Genuss größerer Mengen.

1a

1b

2a

2b

3a

3b

1 Weiße Lupine

Lupinus albus

> › die tödliche Lupinose beim Vieh wird durch einen Pilz verursacht

Merkmale 20–100, selten bis 180 cm hohe, einjährige Pflanze; Blätter wechselständig, lang gestielt, fingerförmig gefiedert, 5–9, kurz gestielte Fiedern, Fiedern unten bis 3,5 cm, oben bis 6 cm lang, verkehrt eiförmig; Blütezeit Juni bis September, Blüten gestielt, wechselständig, in bis 10 cm langer, lockerer Traube, 15–20 mm lang, Unterlippe dreizählig; 6–10 cm lange Hülse mit 4–6 gelblich weißen Samen. **Vorkommen** Felder und Ödland, auf sandigen, kalkarmen Böden. **Wissenswertes** Kraut und Samen giftig durch Chinolizidin-Alkaloide und Lupinen-Lektine, Vergiftungen beim Menschen sind selten.

2 Gartenbohne

Phaseolus vulgaris

> › Lektin widersteht Verdauungsenzymen
> › wird durch Kochen zerstört

Merkmale Bis 3 m hohe, linkswindende, einjährige Pflanze; Blätter wechselständig, 3 Fiedern, eiförmig, 2–20 cm lang, zugespitzt, Nebenblätter klein; Blütezeit Juni bis September, Blütentrauben aufrecht, kürzer als das Tragblatt, Schmetterlingsblüten weiß, 1–1,5 cm lang; Früchte 10–20 cm lange Hülsen, Samen 4–20 mm groß. **Vorkommen** Nur in Kultur, selten verwildert, auf lockeren Sand- oder Lehmböden. **Wissenswertes** Rohe Hülsen giftig durch ein Lektingemisch, wird im Dünndarm aufgenommen, Erbrechen bis zu Koliken, in schweren Fällen tödlich.

3 Saubohne

Vicia faba var. *faba*

> › seit der Bronzezeit kultiviert
> › Hauptnahrungsmittel vor der Kartoffel

Merkmale 40–60 cm hohe, einjährige Pflanze; Stängel vierkantig, hohl; Blätter wechselständig, ohne Ranken, paarig gefiedert, 1–3 Paare elliptische Fiedern; Blütezeit Mai bis August, 1–6 kurz gestielte Schmetterlingsblüten in einer Traube, Krone 18–30 mm lang, Fahne dunkel geadert, Flügel mit dunklem Fleck; Früchte abstehende bis hängende Hülsen, 1–2 cm breit, rund, große Samen. **Vorkommen** Fast nur in Gärten und auf Kulturland, selten verwildert, auf nährstoffreichen Ton- und Lehmböden. **Wissenswertes** Die giftigen Lektine der rohen Früchte werden durch Kochen zerstört; Vicin ruft bei erblichem Enzymmangel Hämolyse (Favismus) hervor.

1

2

3

1 Schöllkraut
Chelidonium majus

> aus abgebrochenen Teilen der Pflanze fließt orangefarbener Milchsaft aus

Merkmale 30–70 cm hohe Staude mit aufrechtem, verzweigtem Stängel; Blätter wechselständig, tief eingeschnitten bis gefiedert, Teilblättchen eingebuchtet; Blütezeit Mai bis September, Blüten in lockerer Dolde am Stängelende, 2 schmale, gelbe Kelch- und 4 ovale Kronblätter; Frucht 5 cm lange Kapsel. **Vorkommen** Hecken, Ödland, Waldränder, Wege, auf nährstoffreichen Böden. **Wissenswertes** Giftig durch verschiedene Isochinolin-Alkaloide im Milchsaft, Reizung von Schleimhäuten, Augen und Magen-Darm-Trakt, schmeckt eklig, daher geringe Vergiftungsgefahr; alte Heilpflanze, z. B. gegen Warzen.

2 Goldlack
Erysimum cheiri

> kommt auf Burgbergen vor, verwildert aus den Burggärten
> duftende Blüten

Merkmale 20–60 cm hohe, zwei- bis mehrjährige Pflanze, Basis teilweise verholzend; Blätter wechselständig, sitzend, schmal, ungeteilt; Blütezeit Mai bis Juni, Kronblätter goldgelb, bei Gartenformen auch rötlich bis braun; Früchte 2–6 cm lange, aufrechte Schoten, behaart, zusammengedrückt. **Vorkommen** Heimat Südosteuropa, Zierpflanze, aus Gärten verwildert, auf trockenen, nährstoffreichen Böden; zerstreut. **Wissenswertes** Giftig durch herzwirksame Cardenolide (Cheiranthin); alte Arzneipflanze, Abführmittel.

3 Sonnwend-Wolfsmilch
Euphorbia helioscopia

> der Milchsaft darf auf keinen Fall in die Augen geraten

Merkmale 5–40 cm hohe, einjährige Pflanze mit aufrechtem Stängel; Blätter wechselständig, verkehrt ei- bis keilförmig, fein gesägt, an der Spitze abgerundet; Blütezeit April bis November, Blüten in fünfstrahligen Dolden, Kronblätter grünlich gelb, Nektardrüsen rundlich; glatte Kapselfrüchte. **Vorkommen** Gärten, Äcker, Ödland, auf nährstoffreichen Böden; verbreitet. **Wissenswertes** Weißlicher Milchsaft giftig durch Diterpen-Ester und Triterpensaponine; Symptome sind Schleimhautreizungen und kolikartige Bauchschmerzen, starke Hautreizungen. Die meisten Weidetiere erkennen diese und andere Wolfsmilcharten als giftig und lassen sie stehen.

1

2

3

1 Lorbeer-Seidelbast

Daphne laureola

> das Fruchtfleisch enthält keine Giftstoffe, die Samen sind aber sehr giftig

Merkmale 40–120 cm hoher, immergrüner Strauch; Blätter wechselständig, oft in Büscheln am Zweigende, oval, bis 12 cm lang und 3 cm breit, ledrig; Blütezeit Februar bis April, Blütentrauben in den Blattachseln, nickend, Kronblätter grünlich gelb; schwarze Steinfrüchte (**1b**). **Vorkommen** Laubwälder, auf trockenen oder steinigen, nährstoffreichen Böden, kalkhaltig; selten. **Wissenswertes** Sehr giftig durch Diterpenester, Vergiftung schon bei kleinen aufgenommenen Mengen; Symptome sind Übelkeit, Erbrechen, Durchfall, Krampfanfälle, innere Blutungen. **Geschützt**.

2 Weinraute

Ruta graveolens

> alte Heilpflanze, die schon im 9. Jh. im Kloster Reichenau wuchs

Merkmale 20–90 cm hohe Staude mit aufrechtem Stängel; Pflanze duftet aromatisch; Blätter wechselständig, 4–11 cm lang, bläulich überlaufen, zwei- bis dreifach gefiedert; Blütezeit Juni bis August, Blüten in dichtem, doldenartigem Blütenstand, Endblüte mit jeweils 4, Seitenblüten meist 5 Kronblätter, 6–10 mm lang, löffelförmig eingesenkt. **Vorkommen** Mittelmeerpflanze, die aus der Kultur verwildern konnte. **Wissenswertes** Schwach giftig, der Inhaltsstoff Rutin ist in vielen kommerziellen Präparaten gegen Venenerkrankungen enthalten; beruhigend und krampflösend; dient auch als Gewürz.

3 Mistel

Viscum album

> Halbparasit, der dem Wirt Wasser und Mineralien, aber keine Nährstoffe entzieht

Merkmale 20–50 cm hoher, immergrüner Strauch, der auf Zweigen von Bäumen sitzt, stark verzweigt; Blätter gegenständig, schmal oval, ledrig, kurz gestielt; Blütezeit März bis Mai, Blüten unscheinbar, zweihäusig; Frucht weißlich, beerenartig. **Vorkommen** Europa, braucht milde Winter; wo sie etabliert ist, häufig; je nach Unterart auf Laub- und Nadelgehölzen. **Wissenswertes** Alle grünen Teile giftig durch Viscotoxine, Lektine, Alkaloide und andere Inhaltsstoffe, nur das Fruchtfleisch (nicht die Samen!) ist giftfrei; alte Heil- und Zauberpflanze schon zur Zeit gallischer Druiden.

1a

1b

2

3

1 Schwarzer Senf

Brassica nigra

> aus den Samen wird der Speisesenf hergestellt

Merkmale 50–100 cm hohe, einjährige Pflanze, locker verzweigt; Blätter wechselständig, gestielt, tief eingeschnitten mit ungleich großen Abschnitten, Endabschnitt größer; Blütezeit Juni bis September, 4 goldgelbe Kronblätter, 7–9 mm lang, Kelch aufrecht, abstehend; Früchte vierkantige Schoten, 15–20 mm lang, aufrecht, an dem Stängel angedrückt. **Vorkommen** Äcker, Ufer, Ödland, auf nassen, nährstoffreichen lockeren, kalkhaltigen Böden. **Wissenswertes** Die eigentliche Pflanze ist ungiftig, die Senfölglykoside wirken aber in höherer Konzentration stark hautreizend (Senfpflaster); wird in der Volksmedizin verwendet.

2 Wegrauke

Sisymbrium officinale

> bereits sehr früh als Kulturbegleiter eingewandert

Merkmale 30–60 cm hohe, einjährige Pflanze, Stängel einzeln, aufrecht; Blätter wechselständig, tief eingeschnitten bis gefiedert, untere Abschnitte oft öhrchenartig, Endabschnitt größer, obere Blätter ungeteilt; Blütezeit Mai bis Oktober, 4 blassgelbe Kronblätter, 1–3 mm lang; Früchte 10–15 mm lange, zugespitzte Schote, eng dem Stängel angedrückt. **Vorkommen** Wegränder, Äcker, Ödland, auf eher trockenen Böden; häufig. **Wissenswertes** Giftig durch ein Glykosid mit Digitalis-Wirkung, herzwirksam; alte Heilpflanze mit hustenstillender Wirkung.

3 Sumpf-Dotterblume

Caltha palustris

> die Knospen, in Essig eingelegt, dienten früher als Ersatz für Kapern

Merkmale 15–50 cm hohe Staude mit hohlem, niederliegendem bis aufsteigendem Stängel; Blätter wechselständig, Grundblätter lang gestielt, obere kürzer, Spreite etwa herzförmig, Rand gezähnt; Blütezeit März bis Juni, 5 dottergelbe Kronblätter, innen glänzend; 5–8 Balgfrüchte. **Vorkommen** Feuchte Gebüsche und Wälder, Auwälder, Feuchtwiesen, Gräben, Ufer; verbreitet. **Wissenswertes** Die Giftigkeit der Pflanze ist in der Literatur umstritten, Wirkstoffe vermutlich Protoanemonin, Alkaloide und Saponine, Symptome sind brennende Schleimhäute, möglicherweise auch Hautirritationen; homöopathische Präparate gegen Katarrhe und Regelbeschwerden.

1

2

3

1 Schwarzes Bilsenkraut

Hyoscyamus niger

> seit der Antike als Hexen-, Zauber- und Heilkraut bekannt

Merkmale 20–80 cm hohe, zweijährige Pflanze, Stängel zottig behaart, klebrig; Blätter wechselständig, 10–20 cm lang, untere gestielt, obere sitzend, gelappt bis tief eingeschnitten; Blütezeit Juni bis Oktober, Blüten zu mehreren in den Blattachseln, weißlich blassgelb mit dunklen Adern, trichterförmig mit 5 Zipfeln; Kapselfrucht. **Vorkommen** Wegränder, Ödland, Schuttflächen, Mauern, auf trockenen, nährstoffreichen Böden. **Wissenswertes** Alle Pflanzenteile hochgiftig durch Tropan-Alkaloide (Hyoscyamin, Atropin, Scopolamin); eine der tödlich wirkenden Giftpflanzen.

2 Tüpfel-Johanniskraut

Hypericum perforatum

> zerreibt man die gelben Blütenblätter, tritt ein blutroter Farbstoff aus

Merkmale 30–80 cm hohe Staude; aufrechter, nur im Blütenbereich verzweigter Stängel mit 2 Längsleisten; Blätter gegenständig, 1–3 cm lang, oval, zugespitzt, deutlich hell punktiert (im Gegenlicht zu sehen); Blütezeit Juni bis August, lockerer Blütenstand, Kronblätter 10–15 mm lang, viele Staubgefäße in 3 Gruppen. **Vorkommen** Trockenrasen, Gebüsche, Wegränder, auf nährstoffarmen Böden; häufig. **Wissenswertes** Giftig durch Hypericin, das durch die Haut aufgenommen und durch Sonnenlicht umgewandelt wird, führt zu Zellschäden und Entzündungen; Gefährdung von Weidevieh.

3 Tomate

Lycopersicon esculentum var. *esculentum*

> intensiver Kontakt mit den Blättern kann zu Hautreizungen führen

Merkmale 50–10 cm hohe, einjährige Pflanze, rau behaart; Blätter wechselständig, spiralig am Stängel stehend, bis 20 cm breit, unregelmäßig gelappt bis gefiedert; Blütezeit Juli bis Oktober, Blüten zu 4–12 in hängenden Blütenständen, Kronblätter zu einer Röhre verwachsen, 5–6 zurückgeschlagene Zipfel; Früchte Tomaten. **Vorkommen** Nur im Garten angebaut, selten verwildert. **Wissenswertes** Alle Pflanzenteile mit den Steroid-Alkaloiden Solanin und Tomatin; dieses verschwindet in der reifen Frucht fast völlig; Erbrechen und Durchfall beim Verzehr der unreifen Früchte möglich; die ersten eingeführten Tomaten wurden nur als Zierpflanzen geschätzt.

1

2

3

1 Gelbe Teichrose
Nuphar lutea

> hält den Tiefenrekord unter den Schwimmblattpflanzen

Merkmale Mehrjährige Pflanze, in bis 3 m tiefem Wasser; zarte, durchscheinende Unterwasserblätter, ledrige Schwimmblätter, oval bis rundlich, am Grund herzförmig eingeschnitten; Blütezeit Juni bis September, Blüte 4–5 cm Durchmesser, Kelchblätter 20–35 mm lang, gelb, stark gebogen, zahlreiche Staubblätter, intensiv duftend; Früchte kugelig bis flaschenförmig, bis 6 cm lang. **Vorkommen** Stehende oder langsam fließende Gewässer, über nährstoffreichem Schlammgrund. **Wissenswertes** Rhizom giftig durch Sesquiterpen-Alkaloide und andere Alkaloide; Vergiftungen beim Menschen sind jedoch bisher nicht belegt; homöopathisches Mittel gegen Impotenz. **Geschützt.**

2 Scharfer Hahnenfuß
Ranunculus acris

> Verwechslung mit anderen Hahnenfußarten
> trockenes Heu wird von Tieren vertragen

Merkmale 10–80 cm hohe Staude, Stängel aufrecht, angedrückt behaart; Blätter wechselständig, Grundblätter handförmig geteilt, 3–5 Abschnitte (ihrerseits tief geteilt), Stängelblätter tief geteilt, 3–5 Abschnitte; Blütezeit Mai bis Oktober, Blütenstiele rund, Blüte 2–3 cm breit, 5 Kelch- und 5 Kronblätter; Nüsschenfrüchte. **Vorkommen** Wiesen, Weiden, Wegränder, Gebüsche, auf nährstoffreichen Böden; verbreitet und häufig. **Wissenswertes** Giftig für Weidevieh durch Ranunculin (Glykosid); keine Vergiftungen beim Menschen bekannt.

3 Giftiger Hahnenfuß
Ranunculus sceleratus

> giftigster Hahnenfuß
> bildet bei Überflutung spezielle Schwimmblattformen

Merkmale 20–60, selten bis 100 cm hohe, einjährige Pflanze, Stängel kahl, hohl; Blätter wechselständig, fleischig, glänzend, handförmig gefiedert, drei- bis fünfteilig mit gefiederten Abschnitten; Blütezeit Juni bis September, Blütenstiele gefurcht bis kantig, Blüte 5–10 mm breit, 5 Kelch- und 5 Kronblätter; Früchte 1 mm lange, kugelige Nüsschen. **Vorkommen** Ufer und Sumpfwiesen, Gräben, stehende Gewässer auf nährstoffreichen Schlammböden. **Wissenswertes** Sehr giftig durch Ranunculin (Glykosid), Kontaktdermatitis durch frischen Pflanzensaft; giftig vor allem für Weidevieh.

1

2

3

1 Roter Holunder

Sambucus racemosa

> wird durch Insekten bestäubt, die nur durch den Pollen angelockt werden

Merkmale 1,5–3 m hoher Strauch, Äste mit hellbraunem bis gelbem Mark, graubraune Rinde mit zahlreichen dunklen Korkwarzen; Blätter gegenständig, gestielt, gefiedert mit 3–7 eiförmigen bis schmal-ovalen Fiedern; Blütezeit März bis Mai, Blüten in 6 cm breiten, kompakten Rispen, Krone grünlich gelb, 5 mm Durchmesser; Früchte rote Beeren (**1b**). **Vorkommen** Bergwälder, Gebüsche, Kahlschläge, Schutt, auf kalkarmen, nährstoffreichen Böden; außerhalb der Gebirge zerstreut. **Wissenswertes** Rohe Früchte schwach giftig, abführend, erregen Brechreiz.

2 Scharfer Mauerpfeffer

Sedum acre

> Blätter auf der Oberseite flach, unten halbrund

Merkmale 5–15 cm hohe Staude mit kriechendem Stängel, überzieht den Boden teppichartig, Blüten tragende Stängel aufsteigend; Blätter dickfleischig, bis 6 mm lang, liegen dem Stängel in 6 Zeilen an; Blütezeit Juni bis August, fünfzählige Blüten in endständigen, doldigen Blütenständen, bis 1 cm Durchmesser. **Vorkommen** Auf Sand- und Kiesflächen, in Mauerritzen und Geröll, auf nährstoffarmen Böden. **Wissenswertes** Inhaltsstoffe der Blätter schwach giftig, schmecken scharf, führen zu Schleimhautreizung, Erbrechen und Durchfall; der Presssaft wurde früher gegen Wunden und Geschwüre eingesetzt.

3 Gewöhnliche Schmerwurz

Tamus communis

> männliche Blüten in Büscheln, weibliche einzeln oder in hängenden Trauben

Merkmale 150–300 cm hohe, mehrjährige, windende Pflanze; Blätter wechselständig, gestielt, herzförmig, zugespitzt, glänzend, ganzrandig, 3–10 cm lang; Blütezeit Mai bis Juni, eingeschlechtlich, unscheinbar gelbgrün, 6 Blütenblätter; Frucht scharlachrote Beere, bis 12 mm Durchmesser. **Vorkommen** Schattige Wälder, Hecken, Waldränder, auf nährstoffreichen Böden; Süddeutschland, selten. **Wissenswertes** Enthält histaminartigen Stoff, in Knolle und Blättern Spuren von Alkaloiden und Saponinen; Kalziumoxalat-Kristalle verletzen die Schleimhäute, schmerzhaftes Brennen im Mund.

1a

1b

2

3

1 Ährenlilie

Narthecium ossifragum

> gefährlich für Weidevieh, keine Berichte über Vergiftung des Menschen

Merkmale 10–45 cm hohe Staude mit Rhizom; Blätter zweizeilig, schwertartig schmal; Blütezeit Juli bis August, Blüten lang gestielt, in lockeren, 6–7 cm hohen Trauben, 6 gelbe Blütenblätter, außen grünlich, 6 orangerote Staubbeutel, Staubfäden wollig behaart; Kapselfrüchte. **Vorkommen** Heide- und Hochmoore, auf nassen, sauren Standorten; zerstreut und selten. **Wissenswertes** Giftig durch Steroidsaponine (Narthecin), möglicherweise aber erst nach Pilzbefall; sollte angeblich Knochenbrüche heilen (ossi-fragum, »knochenbrechend«). **Geschützt**.

2 Sumpf-Schwertlilie

Iris pseudacorus

> gefährlich für Weidevieh
> Vergiftungen bei Menschen eher selten, da es kaum zum Kontakt kommt

Merkmale 50–100 cm hohe Staude mit kriechendem Rhizom, Stängel rund; Blätter grundständig, in 2 Zeilen, schwertförmig, 1–3 cm breit, am Grund dunkelrot; Blütezeit Mai bis Juni, 3 große äußere, 3 kleine innere Blütenblätter, schmal, orange gezeichnet; Kapselfrüchte. **Vorkommen** Auwälder, Sümpfe, Ufer, Gräben, auf nassen oder überschwemmten Böden; verbreitet, aber selten. **Wissenswertes** Giftig durch Triterpenaldehyde im Rhizom, unbekanntes Gift in den grünen Teilen, führt zu Erbrechen, Durchfall, Bauchschmerzen; Hautreizungen durch Kontakt möglich. **Geschützt**.

3 Gelbe Osterglocke

Narcissus pseudonarcissus

> seit dem Mittelalter kultiviert
> zahlreiche Kultursorten

Merkmale 15–40 cm hohe, mehrjährige Zwiebelpflanze; alle Blätter grundständig, grasartig schmal, 7–15 mm breit, an der Spitze abgerundet; Blütezeit März bis April, meist eine Blüte, dottergelb, 5–10 cm breit, 6 Blütenblätter zu einer Röhre verwachsen, Zipfel abstehend, im Zentrum becherförmige Nebenkrone; Kapselfrüchte. **Vorkommen** Feuchte Wiesen, Auen, lichte Wälder, auf mäßig nährstoffreichen, kalkarmen Böden; zerstreut bis selten. **Wissenswertes** Giftig durch Gemisch aus Amaryllidaceen-Alkaloide, Kontaktgift, aber auch Vergiftung durch Verzehr der Zwiebel. **Geschützt**.

1

2

3

1 Gewöhnliches Scharbockskraut

Ranunculus ficaria

> › die »Blüte« besteht aus den auffälligen Nektarblättern und 3 Blütenblättern

Merkmale 5–20 cm hohe Staude mit keulig verdickter Wurzel, Stängel niederliegend bis aufsteigend; Blätter wechselständig, Grundblätter herzförmig, lang gestielt, glänzend; alte Exemplare mit Brutknöllchen in den Blattachseln; Blütezeit März bis Mai, Blüten 2–3,5 cm breit, meist 8 goldgelbe Blütenblätter; Nüsschenfrüchte. **Vorkommen** Gebüsche, Laubwälder, Feuchtwiesen. **Wissenswertes** Alle Pflanzenteile mit Ranunculin (Glykosid), haut-, augen- und darmreizend, Gefahr für den Menschen gering; junge Blätter giftfrei, werden daher für Wildkräutersalate verwendet; alte Heilpflanze.

2 Trollblume

Trollius europaeus

> › in mehreren Sorten auch als Zierpflanze
> › kann ganze Bergwiesen prägen

Merkmale 30–60 cm hohe Staude, Stängel unverzweigt, aufrecht, unbehaart; Blätter wechselständig, handförmig geteilt, Abschnitte ungleich tief eingeschnitten und gesägt; Blütezeit Mai bis Juli, meist nur eine Blüte pro Stängel, 3–5 cm Durchmesser, 10–15 Hüllblätter, kugelig zusammengeneigt, 5–10 löffelförmige Nektarblätter; Balgfrüchte. **Vorkommen** Moorige Wiesen, Hochstaudenfluren, auf nährstoffreichen, schweren Böden; zerstreut. **Wissenswertes** Schwach giftig, gefährlich allenfalls für Weidevieh. **Geschützt**.

3 Frühlings-Adonisröschen

Adonis vernalis

> › heilige Pflanze der Germanen, dem Gott Baldur geweiht

Merkmale 10–40 cm hohe Staude mit aufrechtem, unverzweigtem Stängel; Blätter wechselständig, sehr dicht stehend, dem Stängel ansitzend, zwei- bis dreifach gefiedert, Teilblättchen kaum 1 mm breit; Blütezeit April bis Mai, Blüten einzeln am Stängelende, 4–7 cm breit, bis zu 20 längliche Blütenblätter. **Vorkommen** Trockenrasen und -gebüsche, nährstoffreiche Böden; sehr selten. **Wissenswertes** Oberirdische Teile giftig durch herzwirksame Glykoside, Cardenolide und Flavonoide, da das Gift schlecht resorbiert wird, ist die Vergiftungsgefahr aber gering; kommerzielle Präparate gegen Herzschwäche oder Herzbeschwerden, wird auch in der Homöopathie verwendet. **Geschützt**.

1

2

3

1 Gewöhnliche Berberitze

Berberis vulgaris

> gelbes Berberin wurde früher zum Färben von Leder verwendet

Merkmale 1–3 m hoher, sommergrüner Strauch mit bogig überhängenden Zweigen, 2 cm lange Dornen, einfach bis mehrfach verzweigt; Blätter an Kurztrieben, in Büscheln, oval, Spreite in den kurzen Stiel verschmälert, scharf gesägt; Blütezeit April bis Juni, Blüten in hängenden Trauben, 6 Kronblätter; Früchte 1 cm große, längliche, kräftig rote Beeren (**1b**). **Vorkommen** Gebüsche, Hecken, Wege und Lichtungen, auf relativ trockenen Böden. **Wissenswertes** Giftig durch Berberin und Alkaloide in Wurzel und Stamm; Früchte sind giftfrei, enthalten u. a. Fruchtsäuren und Vitamin C; als Abführmittel oder in Vitaminsäften verwendet.

2 Thunbergs-Berberitze

Berberis thunbergii

> Früchte allenfalls in großen Mengen schwach giftig
> Giftgehalt schwankt jahreszeitlich

Merkmale 1–3 m hoher, sommergrüner Strauch mit bogig überhängenden Zweigen, 2 cm lange, meist einfache Dornen; Blätter an Kurztrieben, in Büscheln, kurz gestielt, verkehrt eiförmig, ganzrandig, auch purpurn bei Gartensorten; Blütezeit April bis Juni, Blüten zu 2–4 in den Blattachseln, 6 Kronblätter; 1 cm große, walzenförmige, kräftig rote Beeren (**2b**). **Vorkommen** Häufiger Zierstrauch in Gärten, gelegentlich verwildert. **Wissenswertes** Giftig durch Berberin und Alkaloide in Wurzel und Stamm; Früchte enthalten Alkaloide, schwach giftig.

3 Gewöhnliche Mahonie

Mahonia aquifolium

> aus den Beeren wird ein tiefroter Saft oder Marmelade hergestellt

Merkmale 50–150 cm hoher Strauch, immergrün, ohne Dornen; Blätter sehr dicht stehend, unpaarig gefiedert, Fiedern in Stachelspitzen auslaufend, ledrig, glänzend; Blütezeit April bis Mai, Blüten in aufrechten, rispenartigen Blütentrauben, meist 6 gelbe Kelchblätter; runde Beerenfrüchte (**3b**), blauschwarz bereift. **Vorkommen** Als Zierstrauch eingeführt, nur auf nährstoffarmen, lockeren Böden und in wintermilden Regionen verwildert; zerstreut. **Wissenswertes** Giftig durch Isochinolin-Alkaloide (Berberin) in Wurzel und Stamm, rohe Beeren nur sehr schwach giftig, enthalten Vitamin C.

1a

1b

2a

2b

3a

3b

1 Gift-Lattich

Lactuca virosa

> › Pflanze riecht widerlich
> › Hüllblätter des Köpfchens mit roten Spitzen

Merkmale 50–150 cm hohe, ein- bis zweijährige Pflanze, Stängel mit gelblich weißem Mark; Blätter wechselständig, bläulich grün, ungeteilt bis buchtig eingeschnitten, waagerecht stehend, dornig gezähnt, stängelumfassend mit pfeilförmigem Grund; Blütezeit Juli bis September, Köpfchen in lockeren Rispen, nur Zungenblüten (10–16). **Vorkommen** Wegränder, Ödland, Schuttflächen, auf steinigen, nährstoffreichen Böden; zerstreut und selten. **Wissenswertes** Milchsaft giftig durch Sesquiterpenlactone, Triterpenalkohole; alte Heilpflanze, früher Gefährdung durch zu hohe Dosierung der Droge.

2 Löwenzahn

Taraxacum sect. Ruderale

> › aus den gerösteten Wurzeln stellte man einst Kaffeeersatz her

Merkmale 5–50 cm hohe Staude mit gestauchtem Stängel und tief reichender Pfahlwurzel; Pflanze enthält weißen, klebrigen Milchsaft; alle Blätter in einer grundständigen Rosette, tief eingeschnitten; Blütezeit März bis November, Blütenköpfchen bis 5 cm breit, auf kahlem, hohlem Stiel, ausschließlich Zungenblüten; Flugfrüchte. **Vorkommen** Sehr häufig auf Rasen, Wegrändern, auf nährstoffreichen Lehmböden. **Wissenswertes** Im Milchsaft sind Bitterstoffe, Harze und Sesquiterpenlactone enthalten; Giftigkeit sehr gering, Dermatitis bei wiederholtem Hautkontakt möglich.

3 Arnika, Bergwohlverleih

Arnica montana

> › seit dem 16. Jh. als Arzneipflanze in der Volksmedizin verwendet
> › in Herz- und Kreislaufpräparaten

Merkmale 20–60 cm hohe Staude mit aufrechtem, geradem Stängel, dicht behaart; Blätter in grundständiger Rosette, ungestielt, oval, am Stängel 2–3 gegenständige Blattpaare; Blütezeit Mai bis August, 1–3, selten 5 Blütenköpfchen am Stängelende, 5–8 cm breit, Zungenblüten schmal. **Vorkommen** Alpen, Alpenvorland, Mittelgebirge auf Wiesen, in lichten Wäldern auf nährstoffarmen Böden, meidet Kalk. **Wissenswertes** Wirkstoffe dieser Heilpflanze bei höherer Dosierung giftig; Sesquiterpenlactone mit stark allergener Wirkung bei Hautkontakt. **Geschützt**.

1

2

3

1 Jakobs-Greiskraut

Senecio jacobaea

> Giftkonzentration im Honig aus den Blüten extrem gering (3,9 ppm)

Merkmale 30–100 cm hohe Staude, Stängel aufrecht, meist braunrot; Blätter wechselständig, tief eingeschnitten bis gefiedert, Endlappen kürzer als die übrige Spreite, mittlere Stängelblätter sitzend, stängelumfassend; Blütezeit Juni bis Oktober, Blütenköpfchen 15–20 mm breit, Röhren- und meist 13 schmale Zungenblüten; Früchte 2 mm lang mit 4 mm langem Pappus. **Vorkommen** Lichte Wälder, Trockenwiesen, Hänge, auf nährstoff- und humusreichen Lehmböden. **Wissenswertes** Giftig durch Pyrrolizidin-Alkaloide, bei Aufnahme großer Mengen Schädigung der Leberzellen, Photosensibilisierung.

2 Rainfarn

Tanacetum vulgare

> Rainfarn galt früher als Abwehrmittel gegen Hexen und Zauberer

Merkmale 40–130 cm hohe Staude mit aufrechtem, dicht beblättertem Stängel; Blätter wechselständig, bis 20 cm lang, unpaarig gefiedert, Teilblättchen schmal oval, grob gezackt; Blütezeit Juli bis September, 5–10 mm breite Köpfchen, nur Röhrenblüten, zu 10–70 in einem breiten, doldenartigen Blütenstand. **Vorkommen** Wegrand, Wälder, Ödland, Ufer, auf feuchten, durchlässigen Böden; häufig. **Wissenswertes** Giftig durch ätherisches Öl, Thujon, Sesquiterpenlactone und Flavonoide in den grünen Teilen; Vergiftung beim Menschen selten, nur durch falsche Dosierung bei der Verwendung als Heilmittel.

3 Wermut

Artemisia absinthium

> Vincent van Gogh gehört zu den prominentesten Opfern des Absinth

Merkmale 30–80 cm hohe Staude mit aufrechtem Stängel, im oberen Bereich verzweigt, dicht behaart; Blätter grau-grün, dicht filzig behaart, mehrfach gefiedert mit schmalen, spitz zulaufenden Teilblättchen; Blütezeit Juli bis September, 3–4 mm breite, nickende Köpfchen, nur gelbe Röhrenblüten, zu Hunderten in einer Rispe. **Vorkommen** Wege, Mauern, Ödland, auf steinigen, lockeren Lehmböden; selten. **Wissenswertes** Giftig durch das ätherische Öl mit ca. 60 Verbindungen, darunter Thujon; das in Likören (Absinth) enthaltene Thujon führt zu körperlichem Verfall.

1

2

3

1 Gewöhnliche Osterluzei

Aristolochia clematitis

> Blüten als Kesselfalle für Insekten, Haare versperren den Ausgang

Merkmale 25–70 cm hohe Staude, Stängel nicht windend, hin und her gebogen; Blätter wechselständig, 6–10 cm lang, herzförmig, zugespitzt; Blütezeit Mai bis Juni, Blüten gelblich, zu 2–8 in Büscheln, am Grund bauchig, zur Spitze hin eiförmige Zunge, zur Blütezeit aufrecht, später hängend; Kapselfrüchte. **Vorkommen** Weinberge, Gebüsche, feuchte Wälder, auf nährstoffreichen, lockeren Böden; aus Kultur verwildert. **Wissenswertes** Alle Teile schwach giftig durch Aristolochiasäuren, alte Heilpflanze, krampflösend und zur Wundheilung verwendet; wichtig in der Homöopathie.

2 Gewöhnlicher Erbsenstrauch

Caragana arborescens

> Hülsen öffnen sich explosionsartig und schleudern die Samen weg

Merkmale Bis 7 m hoher, sommergrüner Strauch; Blätter wechselständig an Langtrieben, in Rosetten an Kurztrieben, gefiedert mit 8–12 elliptischen, 1–2,5 cm langen Fiedern, Nebenblätter 2–3 mm lang, selten zu Dornen umgewandelt; Blütezeit Mai bis Juni, Schmetterlingsblüten zu 1–4 zusammen stehend, Krone goldgelb, 15–20 mm lang; Früchte 3–5 cm lange, 3–5 mm dicke Hülsen (**2b**) mit 4 mm großen, hellbraunen Samen. **Vorkommen** Heimat Sibirien, als Zierstrauch angepflanzt und gelegentlich verwildert. **Wissenswertes** In allen Teilen giftig; die Giftwirkung ist allerdings umstritten.

3 Gewöhnlicher Blasenstrauch

Colutea arborescens

> beliebte Gartenpflanze
> Blätter in der Volksheilkunde als Abführmittel verwendet

Merkmale 1–4 m hoher, sommergrüner Strauch mit graubrauner, zerfasernder Rinde; Blätter wechselständig, 5–15 cm lang, mit 7–11 kurz gestielten, elliptischen Fiedern, Stachelspitze; Blütezeit Juni bis Juli, Schmetterlingsblüten nickend, in 5–10 cm langer Traube, 16–24 mm lang, aufrechte Fahne, rotbraun gezeichnet; Früchte 6–7 cm lange, aufgeblähte Hülse. **Vorkommen** Heimat Süd- und Südosteuropa, verwildert auf trockenen, kalkhaltigen Böden, sonnige Lagen. **Wissenswertes** Schwach giftig durch Coluteasäure und Bitterstoffe; enthält aber kein stark giftiges Cytisin, wie früher angenommen.

1

2a

2b

3 a

3b

1 Gewöhnlicher Goldregen

Laburnum anagyroides

> **› 15–20 Samen sind für einen Erwachsenen tödlich!**

Merkmale Bis 7 m hoher, sommergrüner Strauch oder kleiner Baum; Blätter wechselständig, bis 7 cm langer, behaarter Blattstiel, 3 Fiedern, kurz gestielt, elliptisch, 3–8 cm lang; Blütezeit Mai bis Juni, 10–30 Schmetterlingsblüten in bis 25 cm langer Traube, Krone 15–20 mm lang; Früchte 4–6 cm lange, 5–7 mm breite, flache, seidenhaarige Hülsen (**1b**), Samen 4–5 mm lang, dunkelbraun bis schwarz. **Vorkommen** Lichte Eichen- und Kiefernwälder, vielfach als Zierstrauch angepflanzt. **Wissenswertes** Alle Teile äußerst giftig durch Chinolizidin-Alkaloide (Cytisin), Gift wird durch Schleimhäute aufgenommen.

2 Gelbe Lupine

Lupinus luteus

> **› Blüten duften unangenehm**
> **› sehr variabler Giftgehalt**

Merkmale 30–60 cm hohe, einjährige Pflanze, viele aufrechte Seitentriebe; Blätter wechselständig, fünf- bis neunzähling gefingert, Fiedern 4–8 cm lang, länglich eiförmig bis lanzettlich, oben und unten behaart; Blütezeit Juni bis September, Blüten fast sitzend, in Quirlen, bis 16 cm langer Blütenstand, Schmetterlingsblüten gelb, 13–16 mm lang, doppelt so lang wie der Kelch; Früchte 5–6 cm lange, 1 cm breite, braune, dicht behaarte Hülsen. **Vorkommen** Felder, Ödland, auf stickstoffarmen Sandböden, Kalk meidend. **Wissenswertes** Giftige Chinolizidin-Alkaloide (Lupanin) in Kraut und Samen, wirken lähmend auf das vegetative Nervensystem.

3 Fuchs-Eisenhut

Aconitum lycoctonum ssp. *vulparia*

> **› früher in Fleischködern als Wolfsgift verwendet**
> **› Tod durch Atemlähmung oder Herzversagen**

Merkmale 50–150 cm hohe Staude mit knolligem Wurzelstock; Blätter wechselständig, dicht, handförmig geteilt, 5–7 breite, keilförmige Zipfel; Blütezeit Juni bis August, Blüten in lockerer Traube, Blütenstiele abstehend behaart, Krone gelblich bis weiß, helmförmig, Helm ca. dreimal so hoch wie breit; Balgfrüchte. **Vorkommen** Bergwälder, Schluchten, Auwälder, Hochstaudenfluren, auf nährstoffreichen, kalkhaltigen Böden; zerstreut, im Norden seltener. **Wissenswertes** Hochgiftig durch Lycotonin und andere Diterpen-Alkaloide; wenige Gramm Blätter können tödlich wirken (3–6 mg Toxin). **Geschützt**.

1a

1b

2

3

1 Besenginster

Cytisus scoparius

> da die Blätter früh abfallen können, erscheint der Strauch oft kahl

Merkmale 1–2 m hoher, sommergrüner Strauch; Zweige aufrecht, rutenförmig, deutlich fünfkantig, grün; Blätter dreizählig, kleeartig, Teilblättchen schmal oval; Blütezeit Mai bis Juli, Schmetterlingsblüten 2–2,5 cm lang, einzeln in den Achseln von Kurztrieben; abgeflachte, 6 cm lange Hülsenfrüchte, am Rand dicht behaart. **Vorkommen** Wegränder, lichte Wälder, Hänge, auf lockeren, sandigen oder steinigen Böden. **Wissenswertes** Grüne Teile enthalten das giftige Chinolizidin-Alkaloid Spartein und anderen Alkaloide; wirken erregend, dann lähmend auf das zentrale Nervensystem, wirklich gefährlich nur bei Einnahme größerer Mengen.

2 Deutscher Ginster

Genista germanica

> die Samen enthalten besonders viel Gift

Merkmale 10–60 cm hoher, wintergrüner Strauch, Zweige niederliegend oder aufsteigend, Kurztriebe mit Dornen; Blätter wechselständig, fast sitzend, bis 2 cm lang und 4–5 mm breit; Blütezeit Mai bis Juni, Schmetterlingsblüten in 5 cm langen Trauben, Krone gelb, 8–10 mm lang, Fahne eiförmig und kürzer als Schiffchen; Früchte 7–13 mm lange, schwarzbraune, langhaarige Hülsen. **Vorkommen** Trockene Wälder, Heiden, auf nährstoff- und kalkarmen Böden; zerstreut und selten. **Wissenswertes** Alle Teile giftig durch Chinolizidin-Alkaloide (Spartein im Kraut, Cytisin im Samen).

3 Färber-Ginster

Genista tinctoria

> gelber Farbstoff aus Zweigen, Blättern und Blüten

Merkmale 30–60 cm hoher, wintergrüner Strauch, Zweige wechselständig, rutenförmig, kantig, keine Dornen; Blätter wechselständig, fast sitzend, bis 3 cm lang, 2,5–6 mm breit; Blütezeit Juni bis August, Schmetterlingsblüten 8–16 mm lang, in kurzen endständigen oder längeren Blütentrauben, Fahne breit eiförmig, so lang wie das Schiffchen; Früchte 15–28 mm lange, bis 4 mm breite, kahle Hülsen. **Vorkommen** Trockene Wiesen, Moorwiesen, Eichen- und Kiefernwälder, auf wechselfeuchten Tonböden. **Wissenswertes** Giftig (siehe Deutscher Ginster); alte Färbepflanze; in der Volksmedizin bei Blasen- und Nierensteinen, Rheuma und Gicht verwendet.

1

2

3

1 Großblütiger Fingerhut

Digitalis grandiflora

> 2–3 getrocknete Blätter sollen tödlich sein

Merkmale 40–100 cm hohe Staude mit aufrechtem, behaartem Stängel; Grundblätter in einer Rosette, Stängelblätter wechselständig, länglich, zugespitzt, unterseits und am Rand behaart; Blütezeit Juni bis September, Blüten gelb, bauchig, nach einer Seite gerichtet, 3–5 cm lang, innen braun gefleckt bis netzartig gezeichnet; Kapselfrüchte. **Vorkommen** Wälder, Waldränder, Hänge, Böschungen, auf nährstoffreichen, kalkarmen Böden. **Wissenswertes** V. a. die grünen Teile sind giftig durch herzwirksame Digitalis-Glykoside und Saponine; schmecken sehr bitter und reizen zum Erbrechen, daher gewöhnlich keine ernsten Vergiftungen. **Geschützt**.

2 Wolliger Fingerhut

Digitalis lanata

> charakteristisch ist die wollige Behaarung der Blüten
> Netzzeichnung in der Blüte

Merkmale 40–120 cm hohe, zwei- bis mehrjährige Pflanze, Stängel aufrecht; Grundblätter in einer Rosette, Stängelblätter wechselständig, sitzend, schmal, zugespitzt, unbehaart; Blütezeit Juni bis Juli, Kelch und Blütenstiel behaart, Kronblätter zu 3 cm langer Röhre verwachsen, gelblich weiß, weiße Unterlippe fast so lang, dunkel gelbbraun geadert; Kapselfrüchte. **Vorkommen** Mittelmeer, verwildert an Waldrändern, Trockenrasen. **Wissenswertes** Sehr giftig durch Digitalis-Glykoside, Saponine; Herzmittel; wird auch als Zierpflanze verwendet.

3 Gelber Fingerhut

Digitalis lutea

> keine netzartige Zeichnung in der Blüte

Merkmale 40–80 cm hohe Staude mit geradem, unverzweigtem Stängel; Grundblätter in einer Rosette, Stängelblätter wechselständig, gestielt, schmal, fein gesägt, 6–10 cm lang, nicht behaart, obere Blätter sitzend; Blütezeit Juni bis August, Blüten alle nach einer Seite gerichtet, 2–2,5 cm lang, röhrenförmig eng mit 3 großen (Unter-) und 2 kleinen Zipfeln (Oberlippe); Kapselfrucht. **Vorkommen** Waldwege und offene Stellen, lockere Lehmböden; selten. **Wissenswertes** Giftig durch herzwirksame Digitalis-Glykoside (siehe Großblütiger Fingerhut, oben); die Art wird heute nicht mehr in der Schulmedizin verwendet. **Geschützt**.

1

2

3a

3b

1 Gewöhnliche Haselwurz

Asarum europaeum

> Blätter mit pfefferartigem Geruch und Geschmack

Merkmale 5–10 cm hohe Staude mit kriechender Grundachse; 2–3 bräunlich grüne, schuppenartige Niederblätter, 2 lang gestielte, immergrüne Blätter, nieren- bis herzförmig, oberseits glänzend, 3–10 cm breit; Blütezeit März bis Mai, Blüten einzeln, nickend, glockenförmig mit 3 Zipfeln, braunrot, 12 Staubblätter; Kapselfrüchte. **Vorkommen** Laubwälder auf kalkreichen Böden; verbreitet, aber selten bis fehlend. **Wissenswertes** Pflanze schwach giftig; das ätherische Öl reizt die Magenschleimhäute und führt zu Erbrechen und Entzündungen; widersprüchliche Angaben in der Literatur.

2 Schwarze Krähenbeere

Empetrum nigrum

> deutlich sichtbare Rille auf der Blattunterseite

Merkmale 15–40 cm hoher, immergrüner Zwergstrauch mit niederliegendem Spross; Blätter wechselständig, aber teilweise quirlartig angenähert, nadelförmig, drei- bis fünfmal so lang wie breit, Rand nach unten umgerollt; Blütezeit Mai bis Juni, eingeschlechtlich, zweihäusig, unscheinbar, 3 Kelch-, 3 Kron- und 3 Staubblätter (siehe Abb.); schwarz glänzende Steinfrucht (**2b**). **Vorkommen** Moore, Heiden, Dünen, auf nährstoff- und kalkarmen Böden. **Wissenswertes** Giftig wegen Alkaloidspuren in den Blättern, doch die Angaben zu dem giftigen Wirkstoff Andromedotoxin sind widersprüchlich; keine Vergiftungsfälle bekannt; Früchte bitter, aber essbar.

3 Schlafmohn

Papaver somniferum

> reife Samen sind ungiftig, werden für Backwaren und zur Ölgewinnung genutzt

Merkmale 30–150 cm hohe, einjährige Pflanze; Stängel nur oben verzweigt, unten kahl, oben rau behaart; Blätter gestielt, eiförmig bis länglich, obere ungestielt, den Stängel umfassend, unregelmäßig gezähnt; Blütezeit Juni bis August, Blüte bis 10 cm breit, rot, violett oder weiß, Blätter an der Basis dunkel gefleckt; Frucht eine rundliche Kapsel. **Vorkommen** Heimat Südosteuropa bis Südasien; sehr selten verwildert. **Wissenswertes** Aus dem Milchsaft der unreifen Fruchtkapseln werden Opium und seine Derivate (z. B. Morphin, Codein, Heroin) hergestellt, die Kultursorten sind weniger giftig.

1

2a

2b

3

1 Klatschmohn

Papaver rhoeas

> die ganze Pflanze enthält weißlichen Milchsaft

Merkmale 30–90 cm hohe, einjährige Pflanze mit verzweigtem Stängel, ganze Pflanze behaart; Blätter wechselständig, tief eingeschnitten, Abschnitte gezähnt; Blütezeit Mai bis Juli, einzelne Blüte, 4 knallrote, zarte Kronblätter, 2–4 cm lang, schwarzer Fleck an der Basis, scheibenförmige Narbe; Frucht eiförmige, oben flache Kapsel. **Vorkommen** Getreideäcker, Wegränder, Ödland, auf nährstoffreichen, meist kalkhaltigen Böden. **Wissenswertes** Enthält Isochinolin-Alkaloide in geringer Konzentration, führen zu Erbrechen, Bauchschmerzen; Hustenmittel in der Volksmedizin.

2 Rosmarin-Seidelbast

Daphne cneorum

> Blüten in dichten Dolden an den Zweigenden

Merkmale 10–40 cm hoher, immergrüner Strauch, Zweige anliegend behaart; Blätter wechselständig, am Zweigende sehr dicht stehend, länglich oval, bis ca. 2 cm lang; Blütezeit April bis Juni, doldenartiger Blütenstand, Kelchröhre dicht und kurz behaart, 4 ausgebreitete Zipfel, dunkelrosa bis rot; Steinfrucht gelbbraun. **Vorkommen** Halbtrockenrasen, Felsen, Heiden, trockene Kiefernwälder, auf kalkhaltigen Steinböden; zerstreut, aber selten bis fehlend. **Wissenswertes** Sehr giftig durch verschiedene Diterpenester, hautreizend, co-karzinogen; Samen besonders giftig. **Geschützt**.

3 Gewöhnlicher Seidelbast

Daphne mezereum

> blüht vor den Blättern
> Blüten nicht an den Zweigenden

Merkmale 30–120 cm hoher, sommergrüner Strauch; Blätter wechselständig, am Zweigende sehr dicht stehend, bis 8 cm lang, länglich lanzettlich, weich; Blütezeit Februar bis April, Blüten zu 1–3 über den Blattnarben des Vorjahres, Kelchröhre dicht, kurz behaart, 4 ausgebreitete Zipfel, rotviolett, selten weiß, duftend; scharlachrote Steinfrüchte (**3b**), kugelig, 6–10 mm Durchmesser. **Vorkommen** Bergwälder, Gebüsche, Hochstaudenfluren, auf nährstoff- und kalkreichen Böden; zerstreut, aber selten bis fehlend. **Wissenswertes** Sehr giftig, Diterpenester (Daphnetoxin in der Rinde, Mezerein) führen schon in kleinen Mengen zu schweren Vergiftungen; mittelalterliche Bettler rieben sich mit dem Rindenextrakt ein: Die Blasen auf der Haut ließen sie leidend aussehen. **Geschützt**.

1

2

3a

3b

1 Gewöhnliche Kornrade

Agrostemma githago

> Samen werden erst beim Dreschen des Getreides frei

Merkmale 30–100 cm hohe, einjährige Pflanze, filzig behaart; Blätter gegenständig, nur 2–10 mm breit, zugespitzt, untere stumpf; Blütezeit Juni bis September, wenige Blüten, lang gestielt, 3–5 cm Durchmesser, Kelch mit 5 langen, schmalen Zipfeln, 5 Kronblätter, purpurrot; Früchte bis 18 mm lange, eiförmige Kapseln. **Vorkommen** Getreidefelder (Wintergetreide); selten und überall zurückgehend. **Wissenswertes** Enthält in allen Teilen Triterpensaponine, hohe Konzentration in den Samen, Symptome sind Schleimhautreizung, Durchfall, Schwindelgefühl, wirkt auf das Herz und das zentrale Nervensystem.

2 Acker-Gauchheil

Anagallis arvensis

> enthält ein noch unbekanntes Allergen

Merkmale 5–30 cm hohe, einjährige Pflanze mit niederliegendem bis aufsteigendem, vierkantigem Stängel; Blätter gegenständig, sitzend, eiförmig, 15–25 mm lang; Blütezeit Juni bis September, Blüten einzeln, an langen Stielen in den Blattachseln, Kronblätter zinnoberrot, selten auch blau, bis 7 mm lang, 6 mm breit; Früchte kugelige Kapseln mit einem Deckel. **Vorkommen** Äcker, Gärten, Ödland, auf nährstoffreichen Böden; verbreitet. **Wissenswertes** Schwach giftig durch glykosidisches Saponin und Cucurbitacine; Berichte über Vergiftungen beim Menschen sind selten.

3 Alpenveilchen

Cyclamen purpurascens ssp. *ponticum*

> Vergiftungen kommen selten vor
> in vielen Sorten als Zierpflanze

Merkmale 5–15 cm hohe, immergrüne Staude mit knollenförmigem Rhizom; Blätter in grundständiger Rosette, lang gestielt, nieren- bis herzförmig, Blattunterseite rot, Oberseite glänzend dunkelgrün mit silbriger Zeichnung; Blütezeit Juni bis September, eine Blüte je Stängel, Kronblätter purpurrot, zurückgeschlagen; Früchte kugelige Kapsel an eingerolltem Stiel. **Vorkommen** Wälder und Gebüsche in den Alpen; auf steinigen, nährstoffreichen Kalkböden; zerstreut und selten. **Wissenswertes** Giftig durch Triterpensaponine, führen zu Haut- und Schleimhautreizungen, Erbrechen und Durchfällen; früher waren Vergiftungen häufiger, weil das Rhizom als Abführmittel galt. **Geschützt**.

1

2

3

1 Tollkirsche

Atropa bella-donna

> › pupillenerweiterndes Mittel der Frauen in der Rennaissance
> › wurde in der Steinzeit als Pfeilgift verwendet

Merkmale 60–150 cm hohe Staude mit aufrechtem, reich verzweigtem Stängel, kurz behaart; Blätter wechselständig, eiförmig, zugespitzt; Blütezeit Juni bis August, Blüten einzeln, bis 25 mm lang, kurz gestielt in den oberen Blattachseln, Kronblätter glockenförmig verwachsen, 5 rundliche Zipfel, dunkelrot bis braun-violett; Frucht glänzende, schwarze Beere (**1b**). **Vorkommen** Waldlichtungen, auf nährstoffreichen Böden; relativ häufig. **Wissenswertes** Tödliche Giftpflanze durch Atropin, L-Hyoscyamin und andere Stoffe, bereits durch wenige Beeren kommt es zu schweren Vergiftungen.

2 Krainer Tollkraut

Scopolia carniolica

> › Inhaltsstoffe in Fertigarzneien gegen Krämpfe

Merkmale 30–60 cm hohe Staude mit kriechendem Rhizom, Stängel aufrecht; schuppenförmige Niederblätter, Stängelblätter wechselständig, ganzrandig, verkehrt eiförmig; Blütezeit April bis Mai, Blüten einzeln in den Blattachseln, glockenförmig, nickend, bis 2 cm lang, außen glänzend braunrot, innen grün; bis 1 cm große Kapselfrüchte. **Vorkommen** Lichte Wälder, Gebüsche in Südosteuropa, selten auch aus Gärten verwildert. **Wissenswertes** Ähnliche Inhaltsstoffe wie die Tollkirsche (Scopolamin, Hyoscyamin und Atropin), diese sind aber schwächer konzentriert.

3 Gewöhnlicher Beinwell

Symphytum officinale ssp. *officinale*

> › auch schmutzig rosa bis weiß blühende Formen sind verbreitet

Merkmale 30–80 cm hohe Staude mit aufrechtem, verzweigtem Stängel, merklich rau behaart; Blätter wechselständig, untere bis zu 25 cm lang, obere kleiner, verschmälern sich in den Stiel und laufen als Flügel am Stängel herab; Blütezeit Mai bis Juli, Blüten am Stängelende und in den Achseln der oberen Blätter, nickend, Kronblätter zur Röhre mit 5 kurzen Zipfeln verwachsen. **Vorkommen** Gräben, Ufer, Waldränder, auf feuchten Böden. **Wissenswertes** Schwach giftig durch verschiedene Pyrrolizidin-Alkaloide, leberschädigend nur nach Einnahme großer Mengen; die Wurzel ist eine alte Heilpflanze, äußerlich als Umschläge zur Heilung von Brüchen und Blutergüssen.

1a

1b

2

3

1 Gewöhnliche Schneebeere

Symphoricarpos albus

> Kinderspiel: Beeren zerplatzen beim Drauftreten mit einem Knall
> widersprüchliche Berichte zur Giftigkeit

Merkmale 100–250 cm hoher, sommergrüner Strauch mit glänzenden, kahlen Zweigen; Blätter gegenständig, rundlich eiförmig, glattrandig, selten gelappt; Blütezeit Juni bis August, Blüten in kleinen Blütenständen, glockig verwachsene Krone mit 5 Zipfeln, hellrot bis weiß, innen dicht behaart; runde schwammige Steinfrüchte (**1b**), bis 15 mm Durchmesser. **Vorkommen** Heimat Nordamerika, Zierstrauch, verwildert in Auwäldern und Gebüschen. **Wissenswertes** Beeren mäßig giftig, Saponine, Gerbstoffe, geringe Mengen Alkaloide, führen nur zu Bauchschmerzen und Erbrechen.

2 Engelstrompete

Brugmansia sanguinea (Syn. *Datura sanguinea*)

> Vergiftungen durch Drogenexperimente nehmen zu

Merkmale 1–3 m hoher Strauch; Blätter wechselständig, kurz gestielt, eiförmig länglich, bis 30 cm lang und 20 cm breit; Kübelpflanze, daher Blüte ganzjährig möglich, Blüten einzeln, glockenförmig, mit 5 Zipfeln, gelb bis orange, an der Basis grünlich; Frucht eine stachelige Kapsel. **Vorkommen** Heimat Südamerika, bei uns nur als Zierpflanze im Kübel gezogen. **Wissenswertes** Alle Pflanzenteile stark giftig durch Scopolamin, Hyoscyamin und andere Tropan-Alkaloide. Vergiftungssymptome: Pupillenerweiterung, trockener Mund, Herzrasen, Halluzinationen, Krämpfe bis hin zum Koma.

3 Rosafarbenes Zimmerimmergrün

Catharanthus roseus

> Inhaltsstoffe hemmen die Zellteilung
> Arznei gegen Krebs

Merkmale 30–80 cm hohe Staude mit verholzendem Stängel; Blätter gegenständig, immergrün, kurz gestielt, länglich oval, 3–10 cm lang, glänzend; Hauptblütezeit Juni bis Oktober, Blüten einzeln in den Blattachseln, rosarot bis fast weiß, bis 4 cm Durchmesser, Kronblätter flach ausgebreitet; keine Früchte bei den Zimmerpflanzen. **Vorkommen** Heimat Madagaskar, bei uns nur als Zierpflanze in Töpfen. **Wissenswertes** Giftig durch verschiedene Alkaloide in Blättern und Wurzeln, vor allem Vinblastin und Vincristin; für die Gewinnung von 1 g Wirkstoff für die Medizin braucht man 500 kg Pflanzen.

1a

1b

2

3

1 Oleander

Nerium oleander

> der unangenehme Geschmack verhindert meist schwere Vergiftungen

Merkmale Bis 3 m hoher, immergrüner Strauch, meist aber kleiner; Blätter gegenständig oder in Quirlen, ledrig, bis 15 cm lang, 1–2 cm breit; Blütezeit Juni bis September, Blüten in dichten Blütenständen, 5 ausgebreitete Kronblätter, rosa, selten weiß; Früchte reifen nördlich der Alpen nicht aus. **Vorkommen** Heimat Mittelmeerraum, frostempfindlich, bei uns daher nur als Kübelpflanze. **Wissenswertes** Tödlich giftig durch herzwirksame Glykoside, vor allem Oleandrin, Samen und Blätter mit höchster Konzentration; Vergiftungssymptome sind taube Zunge, Erbrechen, Durchfall, Herzversagen.

2 Kahle Rosmarinheide

Andromeda polifolia

> Vergiftungen durch Verwechslung mit Rosmarinblättern

Merkmale 10–40 cm hoher, immergrüner Zwergstrauch, Stängel am Boden kriechend; Blätter wechselständig, bis 3 cm lang, nadelartig schmal, am Rand umgerollt; Blütezeit Mai bis Juni, 2–8 Blüten in einer doldenartigen Traube, 4–5 Blütenblätter zu 5 mm langer glockiger Krone verwachsen, hell purpurrot bis fast weiß; Früchte fünffächrige Kapsel. **Vorkommen** Hochmoore, auf nassen, sauren Torfböden; selten, vielfach bereits ausgestorben. **Wissenswertes** Giftig vor allem für Weidetiere. Die Zusammensetzung der giftigen Inhaltsstoffe ist umstritten, ein besonders giftiges Diterpen scheint aber nicht in den Blättern enthalten zu sein.

3 Rostblättrige Alpenrose

Rhododendron ferrugineum

> Vergiftungssymptome auch beim Aussaugen des süßen Blütennektars

Merkmale 30–150 cm hoher, wintergrüner Strauch; Blätter wechselständig, länglich elliptisch, ledrig, bis 15 mm lang, am Rand umgerollt, Blattunterseite rostrot, Oberseite dunkelgrün glänzend; Blütezeit Mai bis Juli, Blüten in doldenartigen Köpfchen, Krone dunkelrot, verwachsen, mit 5 Zipfeln weit geöffnet; Kapselfrüchte. **Vorkommen** Gebirgspflanze, in Latschengehölzen, Mooren, auf Zwergstrauchheiden, auf nährstoff- und kalkarmen Böden; selten. **Wissenswertes** Giftig für Weidevieh, enthält Diterpene (Grayanotoxine); Kribbeln bis taubes Gefühl, Übelkeit, Erbrechen, Herzrhythmusstörungen.

1

2

3

1 Essigbaum

Rhus typhina

> › aus den Früchten wird ein Erfrischungsgetränk zubereitet

Merkmale 2–6 m hoher, sommergrüner, sparrig verzweigter kleiner Baum; Blätter wechselständig, 15–30 cm lang, unpaarig gefiedert mit bis 31 Fiedern, lanzettlich, spitz gezähnt, orangerote Herbstfärbung; Blütezeit Juni bis Juli, Blüten fünfzählig, männliche Blüten grün, weibliche rot, in endständigen Rispen, 15–20 cm hoch; kolbenartiger, filzig behaarter Fruchtstand mit roten Steinfrüchten. **Vorkommen** Heimat Nordamerika; häufiges Ziergehölz, selten verwildert auf trockenen, nährstoffreichen Böden. **Wissenswertes** Im Unterschied zu *R. radicans* nur schwach giftig, Kontaktdermatitis.

2 Herbstzeitlose

Colchicum autumnale

> › 5 g Samen für Erwachsene tödlich
> › Brechmittel in Drogen, verursachte Todesfälle

Merkmale 5–40 cm hohe Staude mit bis 7 cm langer Knolle; Blätter grundständig, fleischig, entwickeln sich nach der Blüte im nächsten Frühling, 12–20 cm lang, 2–5 cm breit; Blütezeit August bis November, Krone mit bis 20 cm langer Röhre und 6 freien, 4–6 cm langen Zipfeln, blass rosa-violett; Kapselfrüchte. **Vorkommen** Wiesen, Auwälder, auf feuchten, nährstoffreichen Kalkböden; im Norden selten. **Wissenswertes** Stark giftig bis tödlich durch Colchicin in allen Teilen, Zellteilungsgift, das in Forschung und Medizin verwendet wird, auch für Weidevieh giftig.

3 Echter Safran

Crocus sativus

> › für 1 kg Safran braucht man die Narben von 2 Millionen Blüten

Merkmale 8–30 cm hohe, mehrjährige Knollenpflanze; alle Blätter grundständig, grasartig, gekielt, Ränder nach unten umgebogen; Blütezeit September bis November, Blüten einzeln, hellviolett bis rosa mit dunklen Adern, 6 cm lang, unten zu einer Röhre verwachsen; 3 rote Narbenäste ragen aus der Blüte heraus. **Vorkommen** Nur in Niederösterreich, Elsass, Schweiz verwildert; Gartenpflanze, sonst selten. **Wissenswertes** Verschiedene Giftstoffe, Steroidsaponine in den Knollen, ungefährlich bei Verwendung als Safrangewürz bzw. als Farbe, bei höheren Dosierungen (über 100 Blüten) giftig bis tödlich, Symptome: Krämpfe, Atemwegsbeschwerden. **Geschützt**.

1

2

3

1 Gewöhnliche Schachblume

Fritillaria meleagris

> in mehreren Farbvarianten auch als Zierpflanze

Merkmale 15–30 cm hohe, mehrjährige Zwiebelpflanze; Blätter wechselständig, meist 4–5 grasartig schmale Blätter mit Längsrillen, graugrün; Blütezeit April bis Mai, Blüten einzeln, endständig, nickend, 3–4 cm lang, über 2 cm breit, 6 freie, bräunlich purpurne, schachbrettartig gefleckte Blütenblätter; Kapselfrüchte. **Vorkommen** Auen, Flachmoore, auf feuchten, auch überschwemmten Böden; sehr selten, nur lokale Vorkommen. **Wissenswertes** Giftig durch Steroid-Alkaloide, die Knolle soll die höchste Giftkonzentration enthalten. Es sind aber keine Vergiftungen beim Menschen bekannt. **Geschützt**.

2 Sommer-Adonisröschen

Adonis aestivalis

> sehr altes Getreideunkraut
> weniger giftig als Frühlings-Adonisröschen

Merkmale 20–60 cm hohe, einjährige Pflanze; Blätter wechselständig, zwei- bis dreifach gefiedert mit ca. 1 mm breiten Abschnitten; Blütezeit Mai bis Juli, Blüten einzeln, 1–3 cm Durchmesser, grüne, der Krone anliegende Kelchblätter, 5–8 rote Kronblätter mit schwarzem Fleck am Grund; Früchte 5–6 mm lang, dicht stehend, mit geradem, aufrecht stehendem Schnabel. **Vorkommen** Äcker, auf nährstoff- und kalkreichen Böden; zerstreut bis selten. **Wissenswertes** Giftig durch herzwirksame Cardenolide, allerdings in relativ geringer Konzentration; wurde früher als Arzneipflanze genutzt.

3 Wunderbaum

Ricinus communis

> die roten Narben wirken wie vielzählige Blüten

Merkmale Bis 3 m hohe, einjährige Pflanze, Stängel häufig rot; Blätter wechselständig, bis 80 cm Durchmesser, handförmig gelappt, Abschnitte gezähnt, grün bis bronzerot; Blütezeit August bis Oktober, Blüten in bis 20 cm hohen Rispen, Hüllblätter unscheinbar, männliche Blüten mit gelben Staubblättern unten, weibliche mit roten Narben darüber; Früchte kugelig, stachlig, bis 2,5 cm. **Vorkommen** Hecken, Waldränder, Ufer, Gärten, Ödland, auf nährstoffreichen, lockeren Böden. **Wissenswertes** Vor allem die Samen sind durch das Eiweiß Ricin hochgiftig, tödliche Vergiftungen auch durch andere Pflanzenteile möglich. Rizinusöl wirkt abführend, ist aber nicht giftig.

1

2

3

1 Bauern-Pfingstrose
Paeonia officinalis

> Gartenformen auch mit anderen Blütengrößen und -farben

Merkmale 30–90 cm hohe Staude, Wurzeln zu Knollen verdickt; Blätter wechselständig, 20–40 cm lang, doppelt dreizählig gefiedert, Abschnitte breit lanzettlich; Blütezeit Mai bis Juni, Blüten einzeln am Sprossende, 5–8 Kronblätter, 4–5 cm lang, dunkelrot, selten weiß; 2–4 cm lange Balgfrüchte. **Vorkommen** Nur auf lichten, felsigen Berghängen in den Alpen; selten. **Wissenswertes** Schwach giftig durch Glykoside in den Knollen, große Mengen verschluckter Blütenblätter können Erbrechen verursachen; alte Berichte über die Gefährlichkeit sind jedoch vermutlich übertrieben. **Geschützt**.

2 Roter Fingerhut
Digitalis purpurea

> früher als Grundstoff für herzstärkende Medikamente

Merkmale 50–150 cm hohe, zweijährige Pflanze mit aufrechtem Stängel; große Blätter in grundständiger Rosette, Stängelblätter wechselständig, obere sitzend, untere gestielt, länglich eiförmig, runzlig, fein gezähnt; Blütezeit Juni bis Juli, alle Blüten zu einer Seite gerichtet, Blütenröhre bis 6 cm lang, purpurrot, innen gefleckt; Kapselfrucht. **Vorkommen** Waldlichtungen, Hänge, Kahlschläge, auf nährstoffreichen, kalkarmen Böden. **Wissenswertes** Alle grünen Teile sind tödlich giftig durch herzwirksame Glykoside. Es kommt aber kaum zu Vergiftungen, da die Pflanze sehr bitter schmeckt.

3 Hohler Lerchensporn
Corydalis cava

> Mohngewächs, das ausnahmsweise keinen Milchsaft enthält

Merkmale 10–35 cm hohe Staude mit hohler Knolle; meist nur 2 Blätter, doppelt dreizählig gefiedert, blaugrün; Blütezeit März bis Mai, zu 6–20 in aufrechten Trauben, Blüten gespornt, 18–28 mm lang, purpurrot oder weiß; Früchte schotenförmige Kapseln. **Vorkommen** Buchen- und andere Laubwälder, Auwälder, Gebüsche, auf nährstoffreichen, kalkhaltigen Humusböden. **Wissenswertes** Giftig durch verschiedene Isochinolin-Alkaloide, höchste Konzentration in der Knolle, es sind aber keine Vergiftungsfälle beim Menschen bekannt, da die Knolle tief im Boden sitzt; in Arzneien gegen Schlafstörungen und nervöse Erregung.

1

2

3

1 Tränendes Herz
Dicentra spectabilis

> bei häufigem Kontakt können Hautallergien auftreten

Merkmale 40–80 cm hohe Staude; Blätter wechselständig, doppelt dreizählig gefiedert, weich nach unten hängend, 30–40 cm lang; Blütezeit April bis Mai, Blüten herzförmig, rosa und weiß, hängend in einseitswendigen Trauben; zweiklappige, papierartige Kapselfrucht, wird nur ausnahmsweise gebildet. **Vorkommen** Heimat Südostasien, nur in Gärten kultiviert, gelegentlich verwildert. **Wissenswertes** Schwach giftig durch Isochinolinderivate in allen Teilen, höchste Konzentration in den Wurzeln. Keine Vergiftungsfälle bekannt, da dazu große Mengen der Wurzel aufgenommen werden müssten.

2 Polei-Minze
Mentha pulegium

> wurde früher auch verwendet, um Ungeziefer zu vertreiben

Merkmale 10–50 cm hohe Staude, Ausläufer bildend, Stängel vierkantig; Blätter gegenständig, kurz gestielt, eiförmig bis schmal elliptisch, bis 3 cm lang, unterseits behaart; Blütezeit Juni bis September, 5–15 Lippenblüten in Scheinquirlen, Krone 4,5–7 mm lang, rosa, selten weiß; zur Fruchtzeit ist der Kelch durch Haarkranz verschlossen. **Vorkommen** Feuchte Wiesen und Ufer, auf nährstoffreichen, kalkarmen Böden, verträgt Salz, zerstreut. **Wissenswertes** Das Pulegon im ätherischen Öl soll Leber und Lunge schädigen, Todesfälle nach hohen Dosen des ätherischen Öls, das für Abtreibungen verwendet wurde, sind überliefert.

3 Diptam
Dictamnus albus

> duftet beim Zerreiben intensiv nach Zitrone

Merkmale 50–120 cm hohe Staude mit mehreren aufrechten Stängeln; Blätter wechselständig, unpaarig gefiedert mit 7–11 ovalen, bis 8 cm langen Fiedern, gezähnt; Blütezeit Mai bis Juni, Blüten in endständiger Traube, Kronblätter 2–3 cm groß, dunkel geadert, eines nach unten, 4 noch oben gerichtet (**3b**); Kapselfrucht. **Vorkommen** Trockenhänge, lichte Wälder, Steppenheiden, auf nährstoffarmen, kalkreichen Böden; zerstreut und selten. **Wissenswertes** Giftig durch Furanocumarine in allen Teilen, höchste Konzentration in den Samen, phototoxische Hautreaktionen; einst in der Volksmedizin als Wundheilmittel genutzt, heute nur in der Homöopathie bei Regelschmerzen **Geschützt**.

1

2

3a

3b

1 Wandelröschen

Lantana camara

> Blütenfarbe verändert sich mit dem Alter der Blüte

Merkmale Bis 3,5 m hoher, sommergrüner Strauch, meist deutlich kleiner; Blätter gegenständig, länglich eiförmig, zugespitzt, runzlig, gesägt; Blütezeit August bis Oktober, Blüten in flachen Köpfchen, Kronröhre mit 4–5 ungleich großen Zipfeln, orange, rot, weiß oder violett; zunächst grüne, dann stahlblaue Beeren. **Vorkommen** Heimat tropisches Südamerika, bei uns als Kübelpflanze kultiviert. **Wissenswertes** Giftig durch Triterpensäure-Ester in allen Pflanzenteilen, vor allem in den Beeren; Vergiftungsfälle sind aus der Heimat der Pflanze bekannt: Durchfall, Muskelschwäche bis zu Kreislaufversagen und Tod.

2 Duft-Wicke

Lathyrus odoratus

> aus den Blüten werden Duftöle gewonnen

Merkmale 80–160 cm hohe, einjährige Kletterpflanze, Stängel geflügelt; Blätter wechselständig, je ein Fiederpaar und Ranke, Fiedern eiförmig elliptisch, zweimal so lang wie breit, Nebenblätter bis 25 mm lang und 4 mm breit; Blütezeit Juni bis August, 1–3 Schmetterlingsblüten in einer Traube, 20–40 mm lang, wohlriechend, rote bis blaue Farbtöne; Früchte bis 70 mm lange und 12 mm breite Hülsen. **Vorkommen** Heimat Süditalien; Gartenzierpflanze, auch verwildert. **Wissenswertes** Samen giftig durch Derivate der Propionsäure; ernste Gesundheitsschäden durch regelmäßigen Verzehr der Samen (Lathyrismus).

3 Bunte Kronwicke

Securigera varia (Coronilla varia)

> Wiederkäuer können die Giftstoffe abbauen

Merkmale 30–80 cm hohe Staude, Stängel kantig, niederliegend bis aufsteigend; Blätter wechselständig, gefiedert mit 11–23 ovalen Fiedern; Blütezeit Mai bis September, Schmetterlingsblüten in zehn- bis zwanzigblütiger Dolde, Fahne rosa, Schiffchen weiß mit violetter Spitze, 8–15 mm lang; Hülse 2–8 cm lang, gerade, aufwärts gekrümmt. **Vorkommen** Halbtrockenrasen, trockene Wiesen, lichte Gebüsche, auf kalkreichen Böden. **Wissenswertes** Giftig durch Digitalis-Glykoside und Nitro-Propionsäurederivate; vor allem Vergiftungen bei Vieh, selten beim Menschen. Der Tee aus den Blättern galt als harntreibend, wird wegen der Giftigkeit aber nicht mehr verwendet.

1

2

3

1 Gewöhnliche Akelei

Aquilegia vulgaris

> Gartenformen auch mit anderen Blütenfarben

Merkmale 30–80 cm hohe Staude; Blätter wechselständig, grundständige Blätter lang gestielt, unterseits behaart, doppelt dreizählig gefiedert, Abschnitte oval, eingeschnitten, obere Blätter sitzend; Blütezeit Mai bis Juli, Blüten einzeln, 3–5 cm lang, blauviolett, 5 lange Sporne; Balgfrüchte. **Vorkommen** Laubmischwälder, Gebüsche, Wiesen, auf nährstoff- und kalkhaltigen Böden; zerstreut und selten. **Wissenswertes** Alle Pflanzenteile enthalten Isochinolin-Alkaloide und cyanogene Glykoside, Vergiftungen kommen aber sehr selten vor; Symptome: Schüttelfrost, Erbrechen, Durchfall. **Geschützt**.

2 Kleines Immergrün

Vinca minor

> Arzneidroge wegen Giftigkeit verboten
> Stängel bewurzelt sich an den Knoten

Merkmale 10–20 cm hoher, immergrüner Zwergstrauch, Stängel niederliegend, Blütenstängel aufsteigend; Blätter gegenständig, bis 4 cm lang und 2,5 cm breit, länglich oval, ledrig; Blütezeit März bis Juni, Blüten hellblau, einzeln in den Blattachseln, lang gestielt, 5 Kronblätter, 2–3 cm breit; balgähnliche Teilfrüchte. **Vorkommen** Gebüsche, Laubwälder, auf nährstoffreichen Humusböden; zerstreut. **Wissenswertes** Schwach giftig durch Indolalkaloide (andere als beim ähnlichen Zimmerimmergrün, s. S. 80), lange als Arzneipflanze genutzt, heute nur noch als Rohstoff zur Isolierung von Vincamin.

3 Purpur-Prunkwinde

Ipomoea purpurea

> Gartensorten mit abweichenden Blütenfarben

Merkmale 250–400 cm hohe, ein- bis mehrjährige Kletterpflanze, Spross windend oder kriechend; Blätter wechselständig, gestielt, herzförmig, zugespitzt, bis 10 cm lang und breit; Blütezeit Juni bis September, 3–9 Blüten in einem Blütenstand, Kronblätter trichterförmig verwachsen, himmelblau bis purpurviolett, 3–6 cm lang; eiförmige Kapselfrüchte. **Vorkommen** Heimat tropisches Amerika, beliebte Gartenpflanze, gelegentlich verwildert. **Wissenswertes** Giftige Samen, sie enthalten verschiedene halluzinogen wirkende Alkaloide, diese rufen Übelkeit, Erbrechen und Angstgefühle hervor. Die Harze aus der Wurzel wirken stark abführend; Bestandteil von Fertigarzneien.

1

2

3

1 Gewöhnlicher Bocksdorn
Lycium barbarum

> bei uns nur als Zierstrauch
> Beeren werden in der chinesischen Medizin genutzt

Merkmale 1–3 m hoher Strauch, sommergrün, Zweige rutenförmig, überhängend, mit Dornen; Blätter wechselständig, 3–5 cm lang, lanzettlich, am breitesten in der Mitte, graugrün; Blütezeit Juni bis August, Blüten zu 1–3 in den Blattachseln, Kelch zweilippig, Kronröhre und 5 ausgebreitete Zipfel, blauviolett; rote Beeren. **Vorkommen** Heimat China, verwildert, Wegränder, Hecken, Ödland; verbreitet. **Wissenswertes** Giftig durch Flavonolglykoside, evtl. auch Tropan-Alkaloide, von Vergiftungen beim Menschen wird aber nicht berichtet.

2 Bittersüßer Nachtschatten
Solanum dulcamara

> Pionierpflanze, wird durch Vögel verbreitet

Merkmale 30–250 cm hoher, sommergrüner Halbstrauch, am Grunde verholzt, kletternd; Blätter wechselständig, gestielt, eiförmig, die oberen meist spießförmig, am Blattgrund mit 1–2 Lappen; Blütezeit Juni bis August, kleine Blütenstände, 5 Kronblätter, dunkelviolett, bis 1 cm breit ausgebreitet, Staubbeutel heraushängend; glänzend rote, eiförmige Beeren (**2b**), bis 15 mm lang. **Vorkommen** Auwälder, Gebüsche, Hecken, Röhricht, auf feuchten bis nassen, nährstoffreichen Böden. **Wissenswertes** Alle Teile giftig durch Alkaloide, Bitterstoffe und Saponine; höchste Giftkonzentration in den unreifen Früchten.

3 Gewöhnliches Leberblümchen
Hepatica nobilis var. *nobilis*

> Blätter erscheinen nach der Blüte und überwintern

Merkmale 5–15 cm hohe Staude, wintergrün; alle Blätter in grundständiger Rosette, lang gestielt, dreilappig, Oberseite grün, hell gefleckt, Unterseite purpurn; Blütezeit März bis April, 5–11 blaue Blütenhüllblätter, selten weiß oder rötlich, Blüte bis 25 mm breit, darunter 3 ganzrandige Hochblätter; Nüsschenfrüchte mit kurzem Schnabel. **Vorkommen** Wälder, Gebüsche, auf nährstoffreichen, kalkhaltigen Böden; zerstreut bis selten. **Wissenswertes** Mäßig giftig durch Protoanemonine, Hautreizungen durch den frischen Pflanzensaft. Wegen der leberartig geformten Blätter (Signaturlehre) seit der Neuzeit bei Leberkrankheiten eingesetzt, heute nur noch als homöopathisches Mittel bei Bronchitis. **Geschützt**.

1

2a

2b

3

1 Wiesen-Küchenschelle

Pulsatilla pratensis

> Vergiftungen sind selten
> Unterarten schwierig zu unterscheiden

Merkmale 10–50 cm hohe Staude; Grundblätter erscheinen nach der Blüte, handförmig oder zwei-bis vierfach fiederteilig, Abschnitte nadelartig schmal, 3 Blätter am Stängel, ebenfalls fein gefiedert; Blütezeit April bis Juni, Blütenhüllblätter bis 2,5 cm lang, nickend, zusammenneigend, außen lang seidig behaart, innen hellviolett; Nüsschenfrüchte. **Vorkommen** Trockenrasen, Kiefernwälder, auf sandigen, trockenen Böden; selten. **Wissenswertes** Giftig nur die frische Pflanze durch Protoanemonin, hautreizend, Magen- und Darmbeschwerden. **Geschützt**.

2 Gewöhnliche Küchenschelle

Pulsatilla vulgaris

> seidig behaart
> Unterarten schwierig zu unterscheiden

Merkmale 5–50 cm hohe Staude; Grundblätter erscheinen vor der Blüte, gefiedert mit über 100, 2–3 mm breiten Teilblättchen, Hochblätter des Blütenstängels in einem Quirl, verwachsen; Blütezeit März bis Mai, Blüten einzeln, aufrecht, 3–4 cm breit, glockenförmig bis ausgebreitet. **Vorkommen** Trockenrasen, Heiden, Kiefernwälder, meist auf Kalkböden; selten, fast nur in Naturschutzgebieten. **Wissenswertes** Frischer Pflanzensaft enthält Protoanemonin (hautreizend), wurde als getrocknete Droge früher gegen Rheuma, Magen-Darm-Erkrankungen, Migräne und bei Frauenleiden verwendet. **Geschützt**.

3 Natternkopf

Echium vulgare

> Blüten zuerst rot, nach der Bestäubung dann blau

Merkmale 20–100 cm hohe, zweijährige Pflanze mit aufrechtem Stängel, dicht borstig behaart; Blätter wechselständig, angedrückt borstig gehaart, untere Stängelblätter gestielt, 5–15 cm lang und bis 2 cm breit, obere sitzend oder stängelumfassend; Blütezeit Juni bis Oktober, Blütenstand bis 50 cm hoch, Blüten sitzend, in Wickeln, Blütenkrone bis 22 mm lang, Staubblätter und Griffel weit herausragend. **Vorkommen** Trockenhänge, Wege, Schutt, auf steinigen, sandigen Böden. **Wissenswertes** Alle Pflanzenteile mit Pyrrolizidin-Alkaloiden, Pferde können durch Futter, das Natternkopf enthält, vergiftet werden, bei Menschen sind keine Vergiftungsfälle bekannt.

1

2

3

1 Blauer Eisenhut

Aconitum napellus

> das tödliche Gift wird auch durch die Haut aufgenommen

Merkmale 10–250 cm hohe Staude mit aufrechtem, geradem Stängel; Blätter wechselständig, tief handförmig in 5–7 Abschnitte geteilt, Lappen nochmals tief eingeschnitten; Blütezeit Juni bis Oktober, Blüten in dichter Traube, Einzelblüten tiefblau, 1 Kronblatt helmförmig aufgewölbt (meist breiter als hoch), 2 nach unten, 2 zur Seite gerichtet; mehrere Balgfrüchte pro Blüte. **Vorkommen** Gebüsche, Hochstaudenfluren, Bachufer, im Gebirge bis 3000 m Höhe. **Wissenswertes** Gehört zu den giftigsten Pflanzen Europas! Die ganze Pflanze ist giftig, sie enthält verschiedene Alkaloide. **Geschützt**.

2 Bunter Eisenhut

Aconitum variegatum

> wie alle Eisenhutarten wurde auch diese häufig bei Giftmorden verwendet

Merkmale 60–150 cm hohe Staude, Stängel beblättert; Blätter wechselständig, tief handförmig geteilt, aber nicht bis zum Grund, Lappen nochmals geteilt; Blütezeit Juli bis September, Blüten in kurzem, ästigem Blütenstand, Helm deutlich höher als breit, blau, weiß gescheckt; mehrere Balgfrüchte pro Blüte. **Vorkommen** Au- und Schluchtwälder, Hochstaudenfluren, feuchte, nährstoffreiche, kalkhaltige Böden; selten. **Wissenswertes** Stark giftig durch verschiedene Alkaloide (siehe *A. napellus*), führt zu Brennen, Kribbeln, Schweißausbrüchen, Erbrechen, Durchfall, Tod durch Atemlähmung oder Herzversagen.

3 Acker-Rittersporn

Consolida regalis

> durch Spritzmittel ist das Getreide»unkraut« sehr selten geworden

Merkmale 20–50 cm hohe, einjährige Pflanze mit aufrechtem Stängel, kurz behaart; Blätter wechselständig, kurz gestielt, obere sitzend, mehrfach gefiedert mit 1–2 mm breiten Teilblättchen; Blütezeit Mai bis September, Blüten in lockerem Blütenstand, 5 Blütenhüllblätter, das oberste mit 25 mm langem, geradem Sporn. **Vorkommen** Wegränder, Getreidefelder, Ödland, auf kalkreichen Böden; selten und gefährdet. **Wissenswertes** Giftig durch Anthocyan-Glykoside und andere Stoffe, bei hohen Dosen kommt es zu Atemlähmung; aus den giftarmen Blüten wird ein Tee zur Entwässerung zubereitet.

1

2

3

1 Hoher Rittersporn

Delphinium elatum

> die Abbildung zeigt eine Gartenhybride

Merkmale 50–250 cm hohe Staude mit aufrechtem Stängel; Blätter wechselständig, lang gestielt, handförmig geteilt, Abschnitte tief eingeschnitten bis gesägt; Blütezeit Juni bis September, Blüten in hoher Traube oder Rispe, stahlblau, ein Sporn; Balgfrüchte. **Vorkommen** Lichte Gebirgswälder, Ufer, Hochstaudenfluren, auf Schuttböden; wichtige Stammform für Gartensorten. **Wissenswertes** Sehr giftig durch Alkaloide vom Aconitin-Typ (Eisenhut), höchste Konzentration in Samen und jungen Pflanzen; Symptome: brennendes Gefühl im Mund, Schüttelfrost, Erbrechen, Übelkeit, bis hin zu Kreislaufversagen. **Geschützt**.

2 Vielblättrige Lupine

Lupinus polyphyllus

> alkaloidfreie Züchtungen zum Schutz von Wildtieren

Merkmale 60–150 cm hohe Staude mit gerade aufrechtem Stängel; Blätter wechselständig, gefingert mit 10–15 Fiedern, je 3–15 cm lang und bis 2,5 cm breit, Nebenblätter lanzettlich; Blütezeit Juni bis September, bis 60 cm hohe Blütentraube, Schmetterlingsblüten in Quirlen, Krone 12–16 mm lang, blau bis purpurn, selten weiß; Frucht bis 6 cm lange, 1 cm breite Hülse. **Vorkommen** Heimat Nordamerika; Kahlschläge, Waldränder, auf kalkarmen, lockeren Lehmböden, auch Gartenpflanze. **Wissenswertes** Giftig durch Chinolizidin-Alkaloide in den Samen und den grünen Teilen, Todesfälle durch Herzstillstand.

3 Chinesischer Blauregen

Wisteria sinensis

> Samen kreisförmig, abgeflacht, 7–10 mm im Durchmesser

Merkmale Bis 20 m hoch kletternder, sommergrüner Strauch, Stamm windend; Blätter wechselständig, herabhängend, unpaarig gefiedert mit 11–19 länglich ovalen Fiedern; Blütezeit April bis Mai, bis zu 50 cm lange Trauben, Schmetterlingsblüten blaulila, selten weiß, bis 2 cm groß; Früchte 13–20 cm lange, schraubig verdrehte Hülsen. **Vorkommen** Heimat China, wird als Zierpflanze gerne zur Hausbegrünung verwendet. **Wissenswertes** Giftig durch Glykosid Wistarin und Lektine in Samen und Rinde, nach Verzehr der Samen Erbrechen, Übelkeit, Krampfanfälle. Die kräftigen, windenen Sprosse können Regenrinnen zerquetschen.

1

2

3

1 Große Brennnessel

Urtica dioica ssp. dioica

> der robuste »Nesselstoff« wird aus den Fasern der Brennnessel gewebt

Merkmale 50–150 (–250) cm hohe Staude, Pflanze mit Brennhaaren; Blätter gegenständig, bis 10 cm lang, eiförmig, lang zugespitzt, grob gesägt; Blütezeit Juni bis Oktober, männliche Blüten in aufrechten Rispen in den Blattachseln, weibliche nach der Bestäubung herabhängend (zweihäusig); Frucht einsamige Nüsschen. **Vorkommen** Wegränder, Ödland, in der Nähe von Kulturland, nährstoffreiche Böden; häufig. **Wissenswertes** Blätter nicht giftig, nach dem Kochen essbar; Brennhaare mit Histamin, Cholin und Serotonin reizen die Haut und lösen Allergien aus.

2 Vierblättrige Einbeere

Paris quadrifolia

> die Legende sieht in den Blättern Paris und die drei Göttinnen

Merkmale 10–30 cm hohe Staude mit unterirdisch kriechendem Rhizom, Stängel einfach, aufrecht; Niederblatt am Stängelgrund, 4 Laubblätter in Kreuzanordnung, eiförmig, netzadrig, bis 10 cm lang; Blütezeit Mai, Einzelblüte mit 4 äußeren 2–3 cm langen und 5 mm breiten und 4 inneren, kleineren Hüllblättern, 8 Staubblätter; Frucht fleischige, beerenartige Kapsel (**2b**). **Vorkommen** Laubwälder, Auwälder, auf nährstoffreichen Humusböden; verbreitet, aber stellenweise fehlend. **Wissenswertes** Giftig durch Steroidsaponine in allen Pflanzenteilen; da die Beeren schlecht schmecken, sind Vergiftungen jedoch selten.

3 Purgier-Kreuzdorn

Rhamnus cathartica

> Zweige kreuzgegenständig, d.h. benachbarte Zweigpaare stehen in einem 90°-Winkel zueinander

Merkmale 3 m hoher, sommergrüner Strauch oder bis 8 m hohes Bäumchen, locker verzweigt, Dornen an den Zweigenden; Blätter gegenständig, oval, gezähnt, Seitennerven bogig verlaufend; Blütezeit April bis Mai, Blüten unscheinbar in den Blattachseln, vierzählig, gelblich grün; schwarze Beeren (**3b**). **Vorkommen** Auwälder, Gebüsche, Waldränder, auf lockeren Böden. **Wissenswertes** Giftig durch Anthrachinon-Glykoside, schwere Vergiftungen, wenn größere Mengen der Beeren als Abführmittel eingenommen werden; Bauchschmerzen, Übelkeit, Erbrechen, Durchfall nach Genuss einzelner Beeren.

1

2a

2b

3 a

3b

1 Faulbaum

Frangula alnus

> die heimischen Vögel können die Beeren ohne Schaden fressen

Merkmale 3 m hoher, sommergrüner Strauch oder Bäumchen, dornenlos, Rinde mit Korkwarzen; Blätter wechselständig, gestielt, rundlich bis eiförmig, glattrandig; Blütezeit Mai bis Juni, Blüten fünfzählig, grünlich weiß, zu wenigen in den Blattachseln; kugelige Steinfrüchte (**1b**), von Grün über Rot nach Schwarz reifend. **Vorkommen** Auwälder, Gebüsche, Waldränder, Mischwälder auf nassen Böden. **Wissenswertes** Rinde mit Gerbstoffen, Alkaloiden und Anthrachinon-Glykosiden; gefährlichvor allem bei der volksmedizinischen Verwendung als Abführmittel, u. U. Krebs erregend.

2 Stinkende Nieswurz

Helleborus foetidus

> die Blüten riechen sehr unangenehm
> Vergiftungen beim Vieh

Merkmale 30–80 cm hohe, wintergrüne Rhizomstaude; Blätter wechselständig, handförmig geteilt in 7–11 Abschnitte, bis 30 cm Durchmesser; Blütezeit März bis Mai, Blütenstand reich verzweigt, mit 10 und mehr Blüten, grünlich gelb mit rotem Rand, glockig, nickend, 1–3 cm Durchmesser; Balgfrüchte. **Vorkommen** Laubwälder im Gebirge auf nährstoffreichen, kalkhaltigen Humusböden; zerstreut bis selten. **Wissenswertes** Sehr giftig durch ein Steroid-Saponin-Gemisch (Helleborin) im Wurzelstock und Protoanemonin in den oberen Teilen; Symptome: Übelkeit, Erbrechen, Durchfall. **Geschützt**.

3 Grüne Nieswurz

Helleborus viridis

> weitere giftige Inhaltsstoffe werden vermutet
> starke Augenreizungen

Merkmale 15–50 cm hohe Staude; Blätter grundständig, handförmig geteilt, am Stängel wechselständig, in 7–13 Abschnitte geteilt, gesägt; Blütezeit März bis Mai, 2–4 Blüten je Stängel, Blüten grünlich, über 4 cm Durchmesser, Blütenblätter überdecken sich; 2 cm lange Balgfrüchte. **Vorkommen** Laubwälder und Gebüsche im Gebirge, auf nährstoff- und kalkreichen Böden. **Wissenswertes** Sehr giftig durch Helleborin und Protoanemonin (siehe Stinkende Nieswurz, oben); Gehalt und Wirkung sind allerdings umstritten, Hautreizung durch Kontakt mit der frischen Pflanze. **Geschützt**.

1a

1b

2

3

1 Gewöhnlicher Buchsbaum

Buxus sempervirens

> **Holz größerer Exemplare sehr hart; geeignet für Drechslerarbeiten**

Merkmale 40–400 cm hoher, immergrüner Strauch oder kleiner Baum; Blätter gegenständig, sehr kurz gestielt, 10–30 mm lang, oval, ganzrandig, ledrig; Blütezeit März bis April, eingeschlechtlich, in Knäueln in den Blattachseln, eine fünfzählige weibliche und zahlreiche vierzählige männliche Blüten, gelblich bis grünlich; Früchte dreifächrige Kapseln. **Vorkommen** Eichen- und trockene Buchenwälder, auf trockenen Kalkböden; in der Natur selten, aber häufig angepflanzt. **Wissenswertes** Grüne Teile giftig durch Buxus-Alkaloide, wirken erregend, dann lähmend; tödlich für Weidetiere. **Geschützt**.

2 Fünfblättrige Jungfernrebe

Parthenocissus inserta

> **Ranken der ähnlichen Dreilappigen Jungfernrebe oft mit Haftscheiben**

Merkmale 2–10 m hoch kletternder, sommergrüner Strauch, graubraune Rinde mit hellen Korkwarzen; Blätter gegenständig, Blatt und Ranke gegenüber, Blätter gefingert, 5–7 Fiedern, Ranken drei- bis fünfteilig verzweigt, meist ohne Haftscheiben; Blütezeit Juli bis August, doldenartiger Blütenstand, Blüten unscheinbar, 5 freie Kronblätter; Früchte fleischige, blaue Beeren. **Vorkommen** Heimat Nordamerika; Gartenpflanze, verwildert in Wäldern und Gebüschen. **Wissenswertes** Die häufig vermutete Giftigkeit der Früchte ist umstritten, nachgewiesen sind lediglich Wein- und Oxalsäure.

3 Gewöhnlicher Efeu

Hedera helix

> **keine schweren Vergiftungsfälle aus neuerer Zeit bekannt**

Merkmale Bis 20 m hoch kletternder, immergrüner Strauch, sprossbürtige Haftwurzeln; Blätter wechselständig, gestielt, ledrig fest, an nicht blühenden Trieben in 3–5 spitze Lappen eingeschnitten, Blütentriebe mit ovalen Blättern; Blütezeit September bis Oktober, Blüten in kugeligen Dolden, 5 Kelchzähne und 5 Kronblätter; blauschwarze Beerenfrucht (**3b**) im Frühling des nächsten Jahres. **Vorkommen** Wälder, Gebüsche, Ruinen, Auwälder; zur Hausbegrünung angepflanzt. **Wissenswertes** In allen Teilen Triterpensaponine, diese führen zu Hautreizung, Brennen im Mund und Erbrechen.

1

2

3a

3b

1 Kletternder Giftsumach

Rhus radicans (Syn. *Toxicodendron radicans*)

› bei uns selten
› Vorsicht bei USA-Reisen: Kontakt unbedingt vermeiden

Merkmale Kriechender oder bis 5 m hoch kletternder Strauch; Blätter wechselständig, dreizählig, Fiedern kurz gestielt, rundlich oval bis rhombisch, glänzend; Blütezeit Juni bis August, Blüten unscheinbar, klein, grünlich bis weißlich gelb, 5 Kronblätter, in hängenden Rispen; Früchte 4–6 mm dick, kugelig, in Büscheln. **Vorkommen** Heimat Nordamerika; selten in Schaugärten angepflanzt. **Wissenswertes** Extrem wirksames Kontaktallergen (Urushiole) im Milchsaft der Blätter und Früchte, sofortige Reaktion der Haut, massive Entzündung und Schwellung, Wirkung hält bis zu 3 Wochen lang an.

2 Taumel-Lolch

Lolium temulentum

› nur mit Pilzen infiziertes Gras ist giftig, das Gift stammt aber weder vom Pilz noch vom Gras

Merkmale 30–80 cm hohes, einjähriges Gras; Blattscheiden mit 1–2 mm langer Ligula, Blattspreiten 6–30 cm lang und 2–8 mm breit; Blütezeit Juni bis August, Ähre 5–25 cm lang, Ährenachse geschlängelt, Ährchen 15–20 mm lang, Deckspelze derb, mit Grannen, Hüllspelze 15–30 mm lang, länger als das Ährchen; Früchte 4–7 mm lang. **Vorkommen** Getreideäcker, Ödland, Schutt, auf nährstoffreichen Böden; zerstreut und selten. **Wissenswertes** Giftige Samen führen zu Schwindelanfällen, Seh- und Sprachstörungen, Herkunft des Gifts unbekannt, vermutlich handelt es sich um ein bakterielles Gift.

3 Kulturhanf

Cannabis sativa ssp. *sativa*

› zum Anbau zugelassener Kulturhanf ist weitgehend THC-frei

Merkmale 30–200 cm hohe, einjährige Pflanze, Stängel aufrecht, kurz behaart; Blätter gegenständig, lang gestielt, handförmig gefiedert, Fiedern lanzettlich, grob gesägt; Blütezeit Mai bis August, zweihäusig, männlicher Blütenstand locker rispenartig, 1–2 weibliche Blüten dicht in den Blattachseln, Blütenhülle unscheinbar (siehe Foto); Nüsschenfrüchte. **Vorkommen** Heimat Südostasien; stellenweise verwildert, Äcker, Ödland. **Wissenswertes** Das Harz der blühenden weiblichen Pflanzenspitzen enthält Tetrahydrocannabinole (THC), narkotisch wirkend (Haschisch, Marihuana); Arzneimittel und Droge.

1

2

3

1 Einjähriges Bingelkraut

Mercurialis annua

> Wolfsmilchgewächs, ausnahmsweise ohne Milchsaft

Merkmale 20–50 cm hohe, einjährige Pflanze mit spindelförmiger Wurzel, Stängel vierkantig; Blätter gegenständig, kurz gestielt, eiförmig, spitz zulaufend, grob gezähnt; Blütezeit Mai bis Oktober, meist zweihäusig, weibliche Blüten (siehe Foto) in den Blattachseln sitzend, in Knäueln, männliche in ährenartigen Knäueln; Kapselfrüchte. **Vorkommen** Äcker, Weinberge, Ödland, Gärten, auf trockenen, nährstoffreichen Böden; verbreitet. **Wissenswertes** Nachgewiesen sind nur Saponine, die Giftigkeit wird stark überschätzt; Symptome: Erbrechen und Durchfall.

2 Ausdauerndes Bingelkraut

Mercurialis perennis

> angeblich soll sich Vieh bei der Waldweide mit der Pflanze vergiften

Merkmale 15–30 cm hohe Staude, Stängel rund, ohne Milchsaft; untere Blätter schuppenförmig, Stängelblätter gegenständig, deutlich gestielt, länglich lanzettlich, stumpf gezähnt, 4–12 cm lang; Blütezeit April bis Mai, immer zweihäusig, weibliche Blüten in den Blattachseln, gestielt, männliche in ährenartigen Knäueln (Abb.); Kapselfrüchte. **Vorkommen** Laub- und Nadelwälder, Auwälder, Hochstaudenfluren, auf nährstoffreichen Humusböden; verbreitet. **Wissenswertes** Giftig durch Methylamin und Saponine, siehe *M. annua*.

3 Gefleckter Aronstab

Arum maculatum

> Kesselfalle für Fliegen, die bis zur Bestäubung gefangen bleiben

Merkmale 15–40 cm hohe, mehrjährige Pflanze mit knolliger Grundachse; Blätter grundständig, Stiel bis 25 cm lang mit hoch reichender Scheide, Spreite 10–20 cm lang, spießförmig, dunkel gefleckt, auch einheitlich grün; Blütezeit April bis Mai, Blüten in einem Kolben, scheidenförmig umgeben von einem Hochblatt; leuchtend rote Beeren (**3b**), bis 1 cm Durchmesser. **Vorkommen** Laubwälder, auf nährstoffreichen Humusböden; verbreitet bis zerstreut. **Wissenswertes** Frische grüne Pflanzenteile mit Kalziumoxalat-Nadelkristallen, die durch die Haut dringen, Oxalsäure verursacht Brennen der Schleimhäute. Der aus dem Hüllblatt herausragende Kolben wird durch Stoffwechselreaktionen erwärmt und verströmt dann einen aasartigen Lockduft.

1

2

3a

3b

1 Zypressen-Wolfsmilch

Euphorbia cyparissias

› dient als Zwischenwirt für den Rostpilz, der Erbsen befällt

Merkmale 15–40 cm hohe Staude, die ganze Pflanze mit weißem Milchsaft, Seitentriebe unter dem Blütenstand; Blätter wechselständig, kahl, nur 1–3 mm breit; Blütezeit April bis Juli, Blüten in einer endständigen neun- bis fünfzehnstrahligen Dolde, duftend, Hochblätter gelblich grün, später rot, mondsichelförmige Nektardrüsen; Kapselfrüchte punktiert. **Vorkommen** Wiesen, Weiden, Ödland, Trockenwälder, Felsen, auf kalkhaltigen, sandigen Böden; verbreitet. **Wissenswertes** Giftiger Milchsaft mit Diterpenen unbekannter Zusammensetzung.

2 Süße Wolfsmilch

Euphorbia dulcis

› Ausnahme unter den ansonsten giftigen Wolfsmilch-Arten

Merkmale 20–50 cm hohe Staude, die ganze Pflanze mit weißem Milchsaft; Blätter wechselständig, kurz gestielt, länglich eiförmig, unterseits locker behaart; Blütezeit Mai bis Juni, drei- bis fünfstrahliger Blütenstand in Doldenform, Hochblätter grün, herzförmig, Nektardrüsen rundlich, erst grün, dann rot (siehe Abb.); Kapselfrüchte deutlich warzig. **Vorkommen** Laubmischwälder, Buchenwälder, auf nährstoffreichen, kalkhaltigen Böden; zerstreut. **Wissenswertes** Im Unterschied zu anderen Arten ist der Milchsaft wahrscheinlich nicht giftig, sein Name bezieht sich darauf, dass der Saft weniger scharf oder bitter schmeckt.

3 Rotbuche

Fagus sylvatica

› Buchen bilden nur alle 5–6 Jahre ihre Früchte, in kühlen Lagen seltener

Merkmale 20–30 m hoher, sommergrüner Baum mit glatter, grauer Rinde; Blätter wechselständig, in 2 Zeilen, ganzrandig, eiförmig elliptisch, bis 10 cm lang, junge Blätter zottig behaart; Blütezeit April bis Mai, Blütenhülle unscheinbar, männliche Blüten in kugeligen, gestielten Kätzchen, weibliche zu zweit auf langem Stiel; Fruchtbecher vierklappig, stachelig, dreikantige Nüsse. **Vorkommen** Bestandsbildender Waldbaum auf lockeren Böden; Tiefwurzler. **Wissenswertes** Das Öl der Samen kann durch Oxalsäure und Saponine giftig sein, wenn es in sehr großen Mengen eingenommen wird. Der aus der Rinde gewonnene »Buchenteer« wurde früher als Salbe gegen Rheuma und Gicht verwendet.

1

2

3

1 Eichen

Quercus spec.

> früher wurde die Rinde zum Gerben von Leder in Niederwäldern verwendet

Merkmale Bis 35 m hohe, sommergrüne Bäume mit gefurchter Rinde; Blätter wechselständig, lang oder kurz gestielt, Spreite breit eiförmig, am Rand rund eingebuchtet, artabhängige Unterschiede; Blütezeit April bis Mai, Blüten eingeschlechtlich, einhäusig, unscheinbar, männliche Blüten in lockeren, hängenden Kätzchen, weibliche zu wenigen an einem Stiel; Eicheln in napfförmigen Bechern. **Vorkommen** Laubmischwälder; verbreitet und verstreut, Bodenansprüche der Arten unterschiedlich. **Wissenswertes** Die Gerbstoffe in Blättern und Eicheln können Bauchschmerzen und Erbrechen hervorrufen; Vergiftungen kommen vor allem bei Rindern vor.

2 Europäische Eibe

Taxus baccata

> nur Bögen aus ihrem extrem harten Holz konnten Ritterrüstungen durchschlagen

Merkmale 10–15 m hoher, immergrüner Nadelbaum, knorriger Stamm; Nadeln scheinbar zweizeilig, 3 cm lang, 2–2,5 mm breit, unterseits grün; Blütezeit März bis April, Nacktsamer, männliche Blüten in kleinen gelblichen Zapfen, Samenanlagen zur Reifezeit von grellrotem Samenmantel (**2b**) umgeben. **Vorkommen** Buchenmischwälder in steilen Hanglagen; sehr selten, Parkbaum. **Wissenswertes** Alle Teile bis auf den Samenmantel giftig, verschiedene Inhaltsstoffe; Taxin aus der Rinde hemmt die Teilung bestimmter Krebszellen. **Geschützt**.

3 Abendländischer Lebensbaum

Thuja occidentalis

> in der Volksmedizin früher als Abtreibungsmittel verwendet

Merkmale Bis 20 m hoher, immergrüner Nadelbaum, junge Zweige abgeflacht; Blätter schuppenförmig, entfernter an den Leittrieben, an Seitenzweigen dicht stehend, Schuppen der Zweigkanten unterscheiden sich von den Schuppen der Flächen; Blütezeit April bis Mai, Zapfenschuppen ohne Dornfortsatz, 7–10 mm lang, 8–10 Schuppen, die sich dachziegelartig überlappen, klappen zur Reife auseinander. **Vorkommen** Heimat Nordamerika; beliebtes Gartengehölz, selten verwildert. **Wissenswertes** Das ätherische Öl enthält das giftige Monoterpen Thujon: hautreizend, gefährlich bei oraler Aufnahme.

1

2a

2b

3

1 Gewöhnlicher Wacholder

Juniperus communis ssp. *communis*

> aus den Beeren wird der Wacholderschnaps gebrannt

Merkmale Bis 12 m hoher Nadelbaum (meist deutlich kleiner), mehrstämmig, immergrün; Blätter nadelförmig, stechend, in dreiblättrigen Quirlen; Blütezeit April bis Mai, Blüten in einem rundlichen bis eiförmigen Beerenzapfen, 5–6 mm dick; daraus im 2.–3. Jahr die schwarzblauen, bereiften Wacholderbeeren (**1b**). **Vorkommen** Lichte Kiefernwälder, Hänge, Heiden, auf nährstoffarmen Böden. **Wissenswertes** Beeren mit terpenreichem, ätherischem Öl, Flavonoiden und Gerbstoffen, bei Überdosierung sind Nierenschäden möglich; keine Gefahr bei Wacholderbeeren als Gewürz.

2 Sadebaum

Juniperus sabina

> Zweige riechen unangenehm beim Zerreiben (»Stink-Wacholder«)

Merkmale Bis 4 m hoher, niederliegender Strauch mit aufsteigenden Ästen, immergrün, junge Zweige rundlich; Blätter an älteren Zweigen schuppenförmig, 1–2 mm lang, kreuzgegenständig, Blätter der jungen Zweige nadelartig; Blütezeit April bis Mai, Zapfen in den Blattachseln, weibliche Beerenzapfen mit 4 Schuppen; Früchte fleischige Beere (**2b**), 5–7 mm dick. **Vorkommen** Berghänge und Felsen der Voralpen, Gebüsche, Trockenrasen, auf Steinböden; zerstreut, außerhalb der Alpen angepflanzt. **Wissenswertes** Ätherisches Öl giftig durch Terpenderivate und Podophyllotoxin; wurde früher zum Schwangerschaftsabbruch in der Volksmedizin verwendet.

3 Keulen-Bärlapp

Lycopodium clavatum

> die weißen Haarspitzen bilden Pinsel an den Triebenden

Merkmale 5–20 cm hohe, mehrjährige Pflanze, Spross bis 4 m weit über den Boden kriechend; Blätter weich, nadelartig mit weißer Spitze, dem Spross anliegend; Sporangienähren von Juni bis September, gabelig, zu 1–3 auf eigenen, locker beblätterten Sprossen. **Vorkommen** Heiden, Magerrasen, Waldränder, auf nicht zu feuchten, sauren Böden, auch Torf oder Sand; selten. **Wissenswertes** Die hellgelben, pulverfeinen Sporen dienen in der Apotheke als Trennmittel für Pillen; Pflanze enthält giftige Alkaloide, Flavonoide und andere Stoffe; verschiedene Anwendungen in der Homöopathie und der Volksmedizin. **Geschützt**.

1a

1b

2a

2b

3

1 Sumpf-Schachtelhalm

Equisetum palustre

> für Menschen gefährlich bei Verwechslung mit Acker-Schachtelhalm

Merkmale 10–60 cm hohe, mehrjährige Pflanze mit kriechendem Rhizom; sterile und fertile Sprosse grasgrün, gleich aussehend und zur selben Zeit erscheinend, Stängel glatt, 4 mm dick, gerippt; Blattscheiden grün mit 4–12 Zähnen, breit lanzettlich, zugespitzt mit weißhäutigem Rand; Seitensprosse in Quirlen verzweigend, 4–7 Rippen; 10–30 mm lange, stumpfe Sporangienähre. **Vorkommen** Nasse Wiesen, Flachmoore, Ufer, verlandende Seen; verbreitet. **Wissenswertes** Giftig durch Alkaloide, gefährliches Weideunkraut für Pferde, weil sie nach Genuss des Krautes an Vitamin B1 verarmen (durch Thiaminase).

2 Gewöhnlicher Wurmfarn

Dryopteris filix-mas

> schon in der Antike war die Wurzel als Mittel gegen Bandwürmer bekannt

Merkmale 30–120 cm hoher, mehrjähriger, wintergrüner Farn, kurzes, dickes Rhizom; Wedel grundständig, weich, sterile und fertile Wedel gleich gestaltet, einfach gefiedert mit tief eingeschnittenen Fiedern oder zweifach gefiedert, Blattstielbasis mit 5 Leitbündeln; dünner, drüsenloser Schleier über den Sporenlagern. **Vorkommen** Laub- und Nadelwälder, Mauern, Schutthalden, auf nährstoffreichen Humusböden; verbreitet und z.T. in großen Beständen. **Wissenswertes** Giftig, gefährlich bei Überdosierung als Mittel gegen Bandwürmer, keine Fälle aus neuerer Zeit.

3 Adlerfarn

Pteridium aquilinum

> auf dem Querschnitt durch die Wedel zeichnet sich ein Adler ab

Merkmale 60–200 cm hoher, ausdauernder Farn mit langem, unterirdischem Rhizom; Wedel grundständig, lang gestielt, fertile und sterile Wedel gleich, aber voneinander entfernt stehend, zwei- bis vierfach gefiedert, überneigend; Sporenbildung Juli bis Oktober, in warmen Sommern. **Vorkommen** Wälder, Kahlschläge, Weiden, kalkmeidend, vor allem auf sandigen Böden; verbreitet. **Wissenswertes** Giftig durch verschiedene Inhaltsstoffe, Gefahr für Weidetiere und deren Milch; einige Stoffe sind toxisch oder rufen Mutationen hervor, andere sollen karzinogen sein.

1

2

3

Register

Zweiteilige deutsche Namen wurden meistens nur einmal und zwar mit dem vorangestellten Gattungsnamen aufgeführt, z. B. »Gefleckter Aronstab« unter »Aronstab, Gefleckter«.

Bildnachweis

Hecker: 2/3, 4, 5, 8/9,11m, 13ol, 13or, 13ur,15or, 17o, 19m, 21ul, 21ur, 23o, 25ml, 25mr, 25or, 25ul, 27ml, 27mr, 27ol, 27or, 27ul, 27ur, 29ol, 29or, 29m, 29u, 31m, 31u, 33ol, 33or, 33u, 35or, 37u, 39ol, 39ul, 41u, 43o, 43u,45m,45ol, 45u, 47u, 49m, 51o, 51u, 53m, 53ol, 53or, 55m, 57m, 57o, 57u, 59mr, 59ol, 59or, 59ur, 61m, 63m, 63u, 65o, 65ul, 65ur, 67ol, 67or, 69o, 69u, 71ul, 71ur, 73mr, 75o, 75ul, 77m, 77u, 79ol, 79or, 79u, 81or, 83m, 83o, 85m, 87m, 87u, 89m, 89o, 89u, 91m, 91ul, 95m, 95o, 101o, 101u, 103m, 103u, 105ml, 105mr, 105o, 105ur, 107or, 109ul, 113m, 113ul, 113ur, 115o, 115u, 117ml, 117o, 117or, 119ol, 119u, 121u. **König:** 6, 17m, 17u, 31o, 41m, 43m, 49u, 67m, 73ml, 81m, 85o, 93m , 93o,103o, 109m, 113o, 121m, 121o. **Laux:** 15m, 21o, 25ol, 33mr, 45or, 51m, 53u, 55o, 61o, 61u, 63o, 71o, 97o, 99o. **Reinhard:** 37o. **Sauer/Hecker:** 7, 11 ol, 11or, 19ol, 33ml, 35ml, 35mr, 35ol, 39ml, 39ur, 73o, 75m, 75ur, 77o, 93u, 97ml, 97mr, 97u, 99m,109ur, 111m, 115m, 119or. **Spohn:** 11u, 13m, 15ol,15u, 19or, 19u, 21ml, 21mr, 23m, 23u, 25ur, 35u, 37m, 39mr, 39or, 41o, 47m, 47o, 49o, 55u, 59ml, 59ul, 65ml, 65mr, 67u, 69m, 71m, 73u, 79m, 81ol, 81u, 85u, 87o, 91o, 91ur, 95u, 99u, 101m, 105ul, 107m, 107ol, 107u, 109o, 111o, 111u, 117u, 119ml, 119mr

Mit 218 Abbildungen: Hecker (112), König (18), Laux (14), Reinhard (1), Sauer/Hecker (23), Spohn (49); 1 farbige Zeichnung von Wolfgang Lang

Umschlaggestaltung von eStudio Calamar unter Verwendung einer Aufnahme von Hecker (Roter Fingerhut)

Bibliografische Information der Deutschen Bibliothek

Die Deutsche Bibliothek verzeichnet diese Publikation in der Deutschen Nationalbibliografie; detaillierte bibliografische Daten sind im Internet über http://dnb.ddb.de abrufbar

Gedruckt auf chlorfrei gebleichtem Papier

Alle Angaben in diesem Buch erfolgen nach bestem Wissen und Gewissen. Sorgfalt bei der Umsetzung ist indes dennoch geboten. Verlag und Autor übernehmen keinerlei Haftung für Personen-, Sach- oder Vermögensschäden, die aus der Anwendung der vorgestellten Materialien und Methoden entstehen könnten. Dabei müssen geltende rechtliche Bestimmungen und Vorschriften berücksichtigt und eingehalten werden.

ISBN 13: 978-3-440-10745-4
ISBN 10: 3-440-10745-0
Projektleitung: Carsten Schröder
Lektorat, Satz, Layout, Bildauswahl:
Barbara Kiesewetter, Redaktionsbüro, München
Produktion: Johannes Geyer
Grundlayout: eStudio Calamar
Printed in Italy /Imprimé en Italie

kompetent

Wolfgang Hensel
Welche Heilpflanze ist das?
978-3-440-09990-2

Wolfgang Hensel
Welche Giftpflanze ist das?
978-3-440-10745-4

Heiko Bellmann
Welches Insekt ist das?
978-3-440-10743-0

Eva-Maria Vogeler
Welcher Hund ist das?
978-3-440-10674-7

Volker Dierschke
Welcher Vogel ist das?
978-3-440-09572-0

Volker Dierschke
Welcher Singvogel ist das?
978-3-440-10744-7

Jeder Band mit 128 Seiten
Je €/D 4,95; €/A 5,10; sFr 8,90

Preisänderung vorbehalten

www.kosmos.de

KOSMOS